U0345287

国家级一流本科专业建设点
数字媒体艺术专业系列教材

数字影像
与类型制作研究

刘晴 著

RESEARCH ON
TYPES OF DIGITAL
IMAGING
AND PRODUCTION

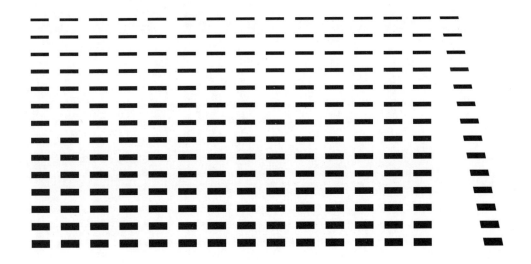

中国国际广播出版社

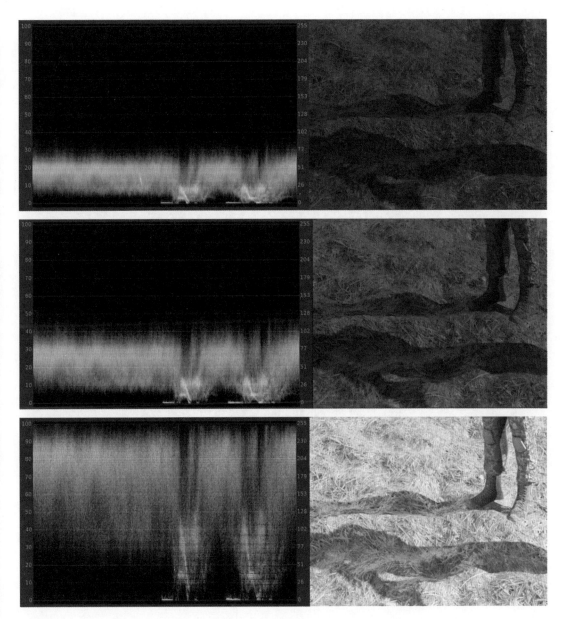

图 2-11 后期软件中以波形图方式显示视频信号的振幅（左图），对画面亮度信息（右图）进行反馈

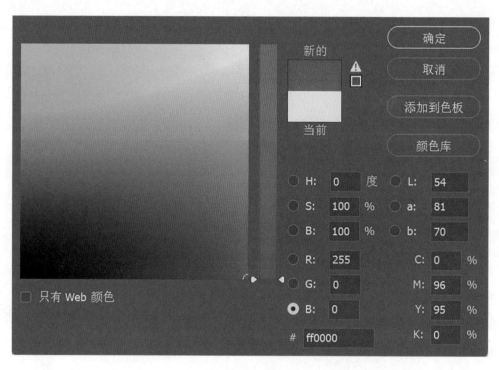

图 2-12 Photoshop 软件的"取色器"中显示了 RGB、HSB、CMYK 等模型的参数

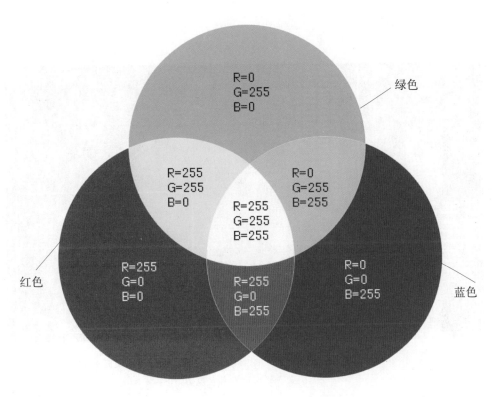

图 2-13 RGB 颜色模型及数据示意图

图 4-1　科波拉在代表作《教父》中创造性地运用了明暗对比及光影效果，
增强了影片的艺术表现力

图 5-1 "奇点奖"全球幻想世界观概念艺术大赛金奖作品《悉达多》（2021）
部分场景和角色设计（作者：谢梓安、邵卓、李晋羽）

国家级一流本科专业建设点数字
媒体艺术专业系列教材

编委会名单

总 序

交融之道

——数字媒体艺术教育的跨界探索

王征　北京交通大学建筑与艺术学院设计系主任、教授

　　北京交通大学设计学科是校内相对年轻的学科之一。自2002年成立艺术设计本科专业，2009年增设数字媒体艺术专业，至今已有十余年发展历程。2016年，又在北京交通大学威海校区，与英国兰卡斯特大学当代艺术学院合作，开设了数字媒体艺术（交互设计方向）专业。自成立以来，本专业始终以培养"根植传统、面向前沿、实践创新、能力多元"的高层次复合型数字媒体艺术人才为目标。在多年的建设与升级过程中，逐步形成了鲜明的人才培养特色：以学校轨道交通特色优势为导向，依托建筑与艺术学院的跨学科平台，通过工作室制实践创新，强调"能力多元"的教育理念。目前，数字媒体艺术专业已构建起包括本科教育、设计学硕士及艺术设计专业硕士在内的完整培养体系。

　　自2022年获得国家级一流本科专业建设点以来，我们始终以国家级一流本科专业的高标准严格开展专业建设。鉴于其跨学科特点，特别是在艺术与科技的融合方面，本专业在思维观念、知识结构和专业素养层面持续追求前沿性与跨媒体特征。数字媒体艺术专业的全体教师一直渴望编写一套专属系列教材，以满足在"新工科"背景下的"数字媒介"和"新文科"

语境下的"智能交互"这两个教学与研究方向上的需求。

　　本套教材凝聚了北京交通大学数字媒体艺术专业教师多年的教学经验与丰富的课程案例。随着这套教材的分批出版，相信将为国内工科院校相关专业的教学发展注入新的活力，并在推动学术进步、培养创新型人才，特别是在与人工智能、增强现实等前沿领域交汇的研究与实践中发挥重要作用。展望未来，数字媒体艺术专业将继续站在科学与艺术融合的最前沿，为引领这一领域的发展贡献智慧与力量。

2024年8月

前　言

数字影像，既是艺术的表达媒介，又是科技的应用载体。它是信息时代的产物，以多样化的生动形态塑造了当代社会的文化景观。

目前，数字影像相关技术已广泛融入影视制作、广告宣传、虚拟现实、游戏开发、人工智能等多个领域。随着数字基础设施的日益完善和资源应用的不断深化，数字影像领域的创新成果层出不穷，相关行业蓬勃发展，产业链日趋成熟，展现出独特的影响力和价值。

本书立足于数字影像领域繁荣发展的背景，旨在构建一部集理论深度与实践指导价值于一体的专著，试图在系统介绍数字影像相关知识的基础上，进一步分析当前行业内具有代表性的创作类型，为读者提供一个全面而前瞻的认知框架。

全书共分五章，围绕新时期数字影像的发展趋势、创作类型及方法进行结构，在对数字影像的起源及观念进行介绍的基础上，具体探讨了其背后的基础技术与制作逻辑。同时，为了使读者更全面地理解数字影像的创作过程，本书分别对动画短片、非虚构类短片、剧情类短片、数字影像广告以及交互式影像等典型类型进行了介绍，针对其本体特点、创作模式、创作方法以及具体制作技术进行了梳理和归纳，剖析了不同类型影像短片的创作全流程，并融入了影像创作的经典理论与技巧，将理论知识融入实践操作中，力图帮助读者准确理解关键概念和思路，以期为数字影像相关领域的理论研究与实践创作提供有益支持。

同时，本书也是数字媒体艺术专业"国家级一流本科专业建设点"的教学资料。书中融合了笔者数年来讲授影像创作类课程的教学心得和从事影像创作的行业经验，探讨了数字影像的学理层面、艺术层面及技法层面，能够较为紧密地贴合学科交叉的发展趋势，符合数智化背景下数字媒体艺术专业及设计学科的总体发展导向。书中引用了较为丰富的项目实例，也对行业实践案例进行了有逻辑的解构，便于读者充分理解和掌握，是一本较为系统的、可供数字媒体艺术相关专业学生与从业者使用的工具书。

与所有艺术创作的规律一致，数字影像艺术的创作亦需要以理论为基础，借实践验真知。本书在撰写过程中，得到了北京交通大学建筑与艺术学院数字媒体艺术专业的鼎力支持，为本书相关研究方向的教学改革、学科竞赛、联合创作提供了广阔的平台。同时，学院艺术设计方向"OOH Media无限体"工作小组的学生团队也充分总结了其丰富的实践经验，在影像类型创作等部分的案例内容梳理中做出了卓越贡献。在写作期间，笔者及团队成员同时收获了丰富的实践成果：获省部级以上一、二、三等奖项40余件，其余各类奖项共60余件，省部级大学生创新训练项目1件，优秀毕业设计奖3件，笔者个人获省部级以上优秀指导教师奖5件。

在数字技术的驱动下，影像艺术正在经历前所未有的变革。从静态画面到动态影像，再到虚拟现实和交互艺术，影像艺术的形态越发多样，应用领域也越发广泛。这种变革不仅深刻影响了文化传播、产业发展和社会服务，还使影像艺术成为现代社会文化的重要载体。与此同时，数字影像技术的不断创新和应用，也促进了数字媒体相关产业的快速发展。数字媒体艺术和现代数字影像的革新相辅相成，共同推动了文化艺术领域的进步。随着技术的不断进步和应用领域的不断拓展，我们有理由相信，影像艺术将在未来继续发挥更加重要的作用，为中国特色文化产业的蓬勃发展注入新的活力。

目　录

第一章　数字影像概览

本章导读

　　数字影像的形态多样，包括静态影像、动态影像、交互影像以及类型融合式影像等，其发展过程也经历了从静态到动态、从纪实到再造、从主流到大众的转变。本章将着重介绍数字影像的内涵、特性、发展历程以及应用领域，具体包括数字影像的基本概念、分类及其所蕴含的观念等，为后续章节提供理论基础。

第一节　认识数字影像

　　影像，是人类认识世界、感知世界的重要媒介。从获取信息的方式来看，人类对世界的感知，需要通过视觉、听觉、嗅觉、味觉、触觉等各种感官，其中，视觉发挥着最为突出的作用，大约能够接收客观世界中85%的信息。而影像正是这一庞大信息流的主要载体，通过它，我们能够更加直观、全面地了解世界。

一、影像的起源

　　数字影像是一个复合名词，它包括了两个重要的组成部分：一为数字（Digital），二为影像（Image）。在深入了解数字影像的研究范畴前，应该首先明确影像的本体是什么。

（一）影像的"源本"与"摹本"

　　在日常生活中，人们经常会使用"影像"这一词语，比如描述"火车进站的影像"或"美丽少女的影像"等场景。这些用法主要是用来表达某一物体、场景或人物的具体呈现状态。除了在日常生活中被广泛提及，影像也是摄影学科中的一个重要概念。它特指通过照片拍摄、视频拍摄、计算机图形技术等多种手段所获取的视觉图像。在讨论"关于某物的影像"时，我们不仅要关注影像的内容，还需要考虑影像的状态，即影像以何种方式展现，以及它所呈现出的最终效果。

　　在深入探究影像的核心特性时，我们认识到，一幅或一段影像要具备意义、可识别性和可理解性，它必须包含"源本"与"摹本"两个要素。源本，指的是现实生活中的实际景象、物体以及人物等。摹本，则是指经过特定技术、媒介和流程处理之后，最终呈现出的视觉画面。正是通过这些画面，影像能够引发人们对它所描绘的客观事物的联想（见图1-1）。

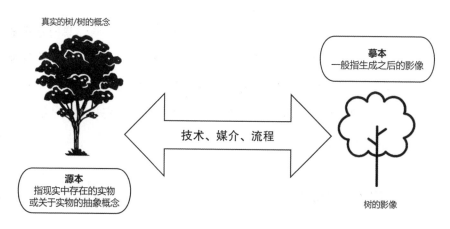

图 1-1　关于树的源本与树的摹本（影像）之间的关系图示

在从源本向摹本（影像）转化的过程中，各种场景、方式、渠道和策略等因素均会对观者的联想产生影响。这种影响表现在，某些影像能够直接激发观者对源本的感知，而另一些影像则可能需要观者通过思考或类比的方式，才能间接地将其与源本相对应。

需要强调的是，我们所探讨的"从源本向摹本"有意识地生成的影像，与日常生活中常见的通过镜面反射等自然现象形成的"影子"存在本质区别。为了明确区分这两种现象，我们讨论的影像范畴不包括影子、反射、倒影等非目标导向、无意识及随机的成像。

（二）影像的媒介性

那么，经有意识的人为创造所产生的摹本是否一定构成影像呢？通过对影像的构成基础进行分析，我们发现它必须依赖于特定的媒介进行呈现，如相纸或电子屏幕等。在人类历史的长河中，用以展现视觉形象的媒介形态繁多且丰富多样，其中历史最为悠久的即绘画。

史前洞窟壁画，作为留存至今最古老的视觉艺术形式，其历史可追溯至旧石器时代，距今已超过1.5万年。这些壁画分布在全球各地，例如西班牙的阿尔塔米拉洞窟壁画和法国的尼奥洞窟壁画等。这些壁画历经沧桑，至今仍然清晰可见、栩栩如生，更以其独特的艺术风格，向我们展示了史前人类的生活与文化。其中，著名画作《受伤的野牛》（见图1-2）以其简约的形象和单纯的技法，生动地描绘了史前人类狩猎动物的场景，即便在现代，我们也能从中感受到其强烈的艺术感染力。

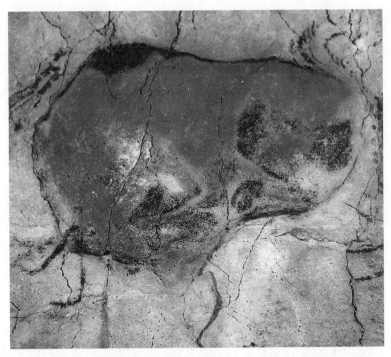

图 1-2　1879年发现的旧石器时期西班牙洞窟壁画《受伤的野牛》

此外，历史上也不断涌现出许多杰出的绘画艺术作品。自15世纪文艺复兴时期画家列奥纳多·达·芬奇（Leonardo da Vinci）创作的《蒙娜丽莎》，直至20世纪现代时期波普艺术家安迪·沃霍尔（Andy Warhol）创作的《32罐金宝汤罐头》（1962），这些作品均代表了特定历史时期绘画艺术的高峰。自史前艺术起源至今，绘画作为视觉形象的主要媒介，已历经数个世纪的沉淀与发展。然而，值得注意的是，在提及这些经典的视觉类作品时，人们习惯性地使用"绘画"一词，而非"影像"。

然而，有趣的是，当我们运用特定的媒介技术，例如通过数字相机将图1-2这幅史前壁画拍摄下来，配上音乐，制作成视频，并在电脑上进行播放时，将这一视觉产物称为"关于壁画《受伤的野牛》的影像"就十分合理了。由此可见，影像能否"成立"的另一关键因素在于所使用的媒介是否属于"影像媒介"的范畴。

在讨论影像媒介时，我们必须基于其现代性特征来展开分析。只有当视觉画面借助现代技术生成时，它才能被称作影像。这一界定强调了技术与影像媒介之间的紧密联系，以及现代技术对于影像媒介形成的关键作用。

（三）影像媒介的现代性

影像的形成与发展，离不开媒介技术的革新。其核心构成源于特定化学材料粒（尤其指胶片等传统摄影手段）或电子数据像素的集合。摄影技术、计算机成像等科技进步为影像的产生提供了可能，没有这些技术的发展，影像便无从产生。

1.现代媒介技术与影像

1826年，法国发明家约瑟夫·尼塞福尔·涅普斯（Joseph Nicéphore Niépce）成功拍摄了现今已知的最早照片，为摄影术的诞生奠定了基石。随后，在1839年，法国科学与艺术学院公开展示了路易-雅克-曼德·达盖尔（Louis-Jacques-Mandé Daguerre）所发明的银版摄影法，正式宣告了摄影术的诞生。在此之前，绘画作为一种主要的视觉艺术形式，承担着描摹现实的职责。人们普遍认为，通过摹写源本所产生的各类视觉作品都应归类为绘画。然而，随着19世纪摄影这一全新媒介技术的出现，描摹现实的任务逐渐转移至影像技术，其实现方式也由"画"转变为"拍"（如摄影或基于摄影技术的视频录制等）。因此，"影像"这一术语逐渐普及，成为描述这类视觉产物的常用说法。

自20世纪中期起，计算机生成图像（Computer-generated Imagery，缩写为CGI）[①]技术逐步得到广泛应用，从而进一步丰富了影像的内涵，使其不仅限于传统意义上的"绘制"，亦包括"生成"的图像。如今，当人们面对一张生动逼真的图像时，其思维不再局限于"这是手绘的"，而是可能联想到"这是摄影作品"或"这是计算机合成的"。在日常生活中，"P图"一词也逐渐流行，它源于图像处理领域的计算机软件Adobe Photoshop，原本专指使用此软件进行图片处理的行为。然而，随着时间的推移，"P图"的含义已进行了扩展，涵盖了所有涉及计算机等数字化手段对图片进行处理的情况。

2.影像技术与影像艺术

影像的呈现依赖于相应的技术与媒介，这些媒介主要包括图片、动态图像、动画、视频以及新媒体图形图像等。这些用于生成影像的媒介技术被统称为"影像技术"。在当今时代，影像技术不仅发挥着实用的记录功能，更成为一种表达形式，其应用领域广泛且多样。

此外，随着现代社会中人们审美观念的演变，影像媒介已经逐渐崛起，成为目前艺术领域中的关键媒介之一，促成了"影像艺术"的诞生。

影像艺术指在观念呈现与表达过程中，对影像技术进行综合运用的一种艺术形式。它是现代科技与艺术交融的产物，极大地丰富了人类文化的表达方式。在创作过程中，影像艺术往往以现代设备作为工具，以现代媒

---

① 本书在编写中会结合具体的前后文语境使用计算机生成图像、计算机成像、CGI，三种说法为同义，指通过计算机软件的数字化手段进行视觉内容生产的技术方式。

介作为艺术传达的载体。在狭义上，影像特指通过光学装置捕捉的图像，即摄影影像。而广义上的影像则进一步涵盖了图形图像、二维与三维动画、文本设计等多元化视觉元素，泛指一切可呈现的视像。因此，影像已经成为新时代艺术家不可或缺的创作与表达的语言。

二、数字影像的界定

数字影像（Digital Image），即通过计算机数字化技术实现的影像及相应的呈现形态。在影像制作领域，常见的生产方式主要包括摄影与计算机图像生成及处理两大类。不论是纯粹依赖计算机成像，还是仅在部分环节运用计算机技术进行处理，其最终产物均可被归类为数字影像。在摄影领域，传统胶片摄影与现代数字摄影是两种主要的生产方式，它们在最终成果形态上呈现出实物（胶片）与非实物（数据）的区别。具体而言，传统胶片摄影的直接产物并非数字影像，而现代数字摄影的产物则是数字影像。

（一）摄影与数字影像

1.非数字影像：传统胶片摄影

传统胶片摄影指的是使用胶片作为感光媒介来实现摄影的过程和技术。在胶片摄影中，摄影师借助胶片相机或摄影机捕捉并固定图像，再经由胶片上的感光材料通过曝光和后续的化学处理过程，将影像永久性地记录下来。在数字摄影技术兴起之前，这种摄影方式占据了主流的地位。值得一提的是，传统胶片摄影不仅可以用于静态图像的拍摄，还能用于制作动态影像或电影，其成果是一系列连续的影像序列（可以理解为许多张连续拍摄的静态照片）。这些胶片可在专门的放映设备上进行播放，让观众看到动态连续的影像。

从最终成果来看，传统胶片摄影所产出的成果主要是以实体形态存在的。经过冲洗与印制流程后，胶片将转化为实际的照片，可以被装裱或放置在相册中，也可被触摸、展示、传递给他人。这整个流程无须计算机的介入，因此并不属于数字影像的范畴。

2.数字影像：现代数字摄影

与传统胶片摄影相比，现代数字摄影借助先进的电子感光器件，如电荷耦合器件（CCD）或互补金属氧化物半导体芯片（CMOS）进行图像和视频的捕捉。数字摄影器材能够将光线转换为电信号，并通过数字化处理技术，将捕捉到的图像转化为数字数据。这些数据不仅可方便地存储于摄影器材的内部存储器或外接的存储卡中，而且可以传输到电脑及其他数字设备上进行后期处理、编辑和分享。

数字摄影所取得的成果主要以电子文件的形式存在，这些包含图像和视频等内容的文件必须依赖于数字化环境才能得以呈现和处理。当使用数字设备查看这些照片时，它们会在电子屏幕上以视觉形式展现，同时也可以借助打印技术转化为实体照片。数字化的图像和视频信息可以存储在计算机硬盘、云端存储服务或存储卡等多种媒介中，并通过在线平台、社交媒体等渠道进行分享和传播。由于整个过程高度依赖数字技术，因此它们都属于数字影像。

（二）计算机与数字影像

在计算机图像生成与处理技术的运用下所生成的影像，均可被视为数字影像。自20世纪中叶以后，计算机数字技术的快速发展为影像的制作、储存与传播提供了更加高效的先进手段。特别是借助计算机数字化编辑处理技术，可以使原本静止的图像展现出动态、丰富的信息，同时，通过摄影技术捕捉的图像也能进行后期编辑处理，从而获得更多元化的视觉效果。

在现代化的影像制作流程中，数字化环境占据主导地位，计算机成为艺术家不可或缺的创作媒介、表达方式甚至是作品的组成部件。在这一背景下，涌现出众多变体和细分的艺术创作类型，如影像装置、互动装置、环境影像艺术和数字艺术等。

从生产方式的角度来看，数字影像的基本生产方式大致如图1-3所示。

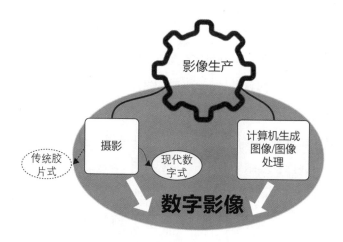

图 1-3　数字影像的基本生产方式图示

第二节　数字影像的类型

根据人类对影像感知的不同方式，数字影像可被细分为四大基本类型：静态影像、动态影像、交互影像以及类型融合式影像。

一、静态影像

（一）数字摄影

数字摄影（Digital Photography），即通过数字相机或其他图像捕捉装置，运用光学传感器将光线转换成数字信息，进而记录图像的过程。这一过程涵盖了数字相机摄影和手机摄影等多种形式（见图1-4）。

图1-4 数字摄影工具（数码相机）以及处理工具（计算机）

1. 拍摄流程

数字摄影与传统摄影在工作思路上有许多共通之处，但在实际操作流程中，数字摄影却展现出了显著的优势。特别是在现场拍摄这一关键环节，数字摄影器材允许摄影师即时预览并筛选所拍摄的照片，从而极大地提高了后期处理的效率。这种即时反馈的特性使得摄影师能够更快速地做出决策，优化拍摄效果，进一步提升整体工作效率。

在拍摄工作开始之前，摄影师会按照既定要求准备包括相机、镜头、三脚架和闪光灯等在内的摄影设备，并对与拍摄对象相关的布景与道具进行规划。在拍摄过程中，摄影师可以根据实际需求，迅速调整光圈、快门速度和ISO等关键参数设置。同时，借助相机的电子显示屏或与外设（如电脑、平板电脑、智能手机等）的连接功能，摄影师可即时查看照片效果，从而迅速调整并优化曝光效果和图像质量，确保最终获得最佳的照片成果。

2.后期处理

在后期处理阶段，摄影师应当采取适当的措施将相机与计算机进行连接，以完成文件传输任务。具体而言，摄影师可通过数据线将相机与计算机连接起来，实现数据的顺利传输。此外，摄影师亦可直接从相机中取出存储卡（常见的类型如：Secure Digital，即"SD"卡，Compact Flash，即"CF"卡，Micro SD卡等），并将存储卡中的数据导入电脑中。这两种方法均可确保数据传输的有效性和稳定性，为后续的图像处理工作提供便利。

数字摄影作品的后期处理，普遍通过专业的图像处理软件，如Adobe Photoshop、Lightroom等工具来完成。在处理过程中，可以对照片实施去除瑕疵，调整曝光、对比度、色彩、锐化等诸多操作。处理完毕后，根据实际需求，还可以将照片导出为不同规格和尺寸的文件。例如，高分辨率的图像（300dpi以上）适用于打印和展览等实体展示场景，而低分辨率的图像则更加适合在网络平台上进行分享和发布。此外，还可以根据具体需要，将图片保存为JPEG、PNG、TIFF、RAW、BMP等多种格式。

（二）数字绘画

数字绘画（Digital Painting或Digital Illustration），是一种利用数字工具在数字化环境中进行静态图像创作的艺术形式。艺术家通过计算机、绘图板、绘图软件等技术工具，手动绘制或借助软件功能，创作出多种类型的图像、插图、漫画和动画作品（见图1-5）。

1.工作特点

与传统的手绘方式相比，数字绘画具备显著的优势。在数字创作环境中，艺术家可以摆脱对于特定的创作材料和外部条件的依赖。他们无须购买昂贵的画材，也无须担心颜料泼洒、污染或天气变化对作品的影响。只要配备一台计算机和相应的绘画工具，如手绘板、手绘屏或平板电脑等，他们便可以自由地进行艺术创作。数字绘画的灵活性和便捷性使其成为越

图 1-5　使用绘图板、绘图软件协同进行数字绘画创作

来越多艺术家的首选创作方式。

　　此外，多样化的数字软件为画家提供了模拟不同绘画工具和笔刷效果的能力。这些软件还具备便捷的编辑、挪用、拼贴功能，使画家能够根据不同需求将作品输出至各种媒介并输出为适宜尺寸，通过网络轻松分享和展示。目前，数字绘画不仅广泛应用于艺术和平面设计领域，更在游戏开发、动画制作、建筑设计等一系列相关领域展现出独特的价值。

　　2.工作流程

　　在工作思路上，数字绘画与传统绘画有许多共通之处，比如，在开始绘画之前，画家都需要通过绘制草图的方式对画作的主题、风格等核心要素进行构思。在这一过程中，数字绘画的创作者可以借助电子画布创建草图，为后续的绘画工作做好准备。如果在绘制过程中遇到失误或希望推翻现有方案，创作者可以便捷地在软件中删除现有文件，重新开始一张全新的画布，而不必担忧画笔、纸张等资源的浪费。这一特性使得数字绘画在灵活性和效率上具备了更大的优势。

　　在完成草图的绘制后，创作者可充分利用层级式绘图软件的功能，依据草图的构成，直接新建图层对此进行精细化的绘制工作。专业的绘图软件普遍支持按需隐藏或删除草图图层，以确保其对最终作品不产生任何影响。此外，数字绘画类软件一般配置了如渐变、批量填色、快速选区描边、透明度调节和图层叠加效果等实用工具，并能够对单通道的色彩平衡进行分区调节，从而极大地提升了绘画效率，并丰富了画面的呈现效果。目前，Adobe Photoshop、Procreate、Corel Painter等均为广受欢迎的数字绘画软件。

（三）平面类数字艺术设计

数字艺术设计作为一个涵盖广泛的领域，主要指利用数字技术和工具进行的艺术与设计创作活动。在狭义上，它特指以数字图像为主要表现形式的静态设计类型，主要涵盖图像处理、图像编辑以及图像合成等关键环节。而在广义上，数字艺术设计则进一步扩展至包括数字绘画等相关类型，这些类型的创作大多依赖于计算机软件的支持。

1.平面设计

平面类数字艺术设计，指的是运用数字技术与软件工具来创作的平面设计作品，这些作品形式多样，包括海报、名片、广告、书籍封面和宣传资料等，不仅体现了设计师的艺术创意和品位，同时也具有实际应用的价值。

平面设计往往以二维空间的形式展现，并依赖如Adobe Photoshop、Adobe Illustrator和CorelDRAW等专业的创作工具对作品进行精细化处理。其工作内容涵盖图形和图像元素的制作、组合，文字的排版设计，拼贴与输出等多个环节。这一工作流程与数字绘画具有一定的相似性，但二者存在明显差异。平面设计更倾向于利用矢量图形编辑软件进行操作，而非直接通过手绘板等数字画笔工具进行绘制。

2.位图与矢量图

（1）位图

位图（Raster Graphic），也被称为栅格图像，是由像素点阵列构成的图像形式。图像的质量和清晰度与其分辨率的高低有着密切的联系，高分辨率的位图图像往往更为细腻和逼真。位图图像允许用户通过修改像素来实现图像的编辑和创作，因此在处理复杂的照片和绘制数字画作时具有显著优势。数字摄影作品和数字绘画的最终输出文件都选择使用包括JPEG、PNG、BMP等常见的位图格式。然而，位图图像存在一个明显的局限，即由于其像素数量在创建之初就已固定，因此不适宜进行无限制的放大操作，否则可能会引发图像失真问题。

（2）矢量图

矢量图（Vector Graphic），又被称为向量图，是一种利用数学公式进行描述的图形。它以几何元素，如对象、路径和控制点等为基础进行图形的构建和存储，在无限放大的情况下也不会失真。矢量图主要由直线、曲线、圆、多边形等基本几何形态构成，因此具有较为简约与明快的视觉风格特征，在平面设计领域的应用极为广泛。

在品牌和广告相关的平面数字艺术设计中，矢量图的作用不容忽视。设计师通过创建一个原始文件，便可以轻松地将其输出为不同的模式和尺寸，以适应各种使用场景。无论是用于大型展览展示，还是用于小型的网页界面、广告横幅和社交媒体封面等，矢量图都能够提供出色的视觉效果和灵活性，特别是在如印刷品、大型海报和展示板等需要高分辨率输出的场合，矢量图具有明显的优势。

二、动态影像

（一）数字电影

数字电影（Digital Cinema），是指依据电影艺术的创作原则，采用多元化的拍摄手法，并经过数字化的制作、存储与传播流程而产出的电影作品。目前，数字电影已逐渐取代传统电影，成为现代电影制作与放映的主流形式。

数字电影制作涉及较多环节，其中大部分沿袭了传统电影的制作流程，如剧本的构思与撰写、制片筹备、演员选角以及美术设计等。这些环节共同构成了电影制作的坚实基础。然而，随着行业的不断发展，数字摄影与计算机技术在电影制作中逐渐占据了举足轻重的地位。数字摄影技术不仅推动了相关技术与设备的更新迭代，还为电影创作提供了前所未有的广阔空间。借助先进的数字摄影机及数字化后期处理工具，能够捕捉并呈现出高分辨率、高清晰度的画面，并制作包含720p、1080p、2K、4K以及8K等不同级别的高清数字电影。

在数字电影的后期制作过程中，诸如剪辑、特效合成、音频处理及混音等环节，均可依托专业软件工具来实现。这些工具的运用不仅极大地提升了制作效率，而且丰富了电影的表达方式与创意空间。特别是随着计算机图像生成技术的发展，电影制作团队可以运用三维动画、人工智能等前沿技术，将任何脑海中的画面构想变为现实的创意设计。

（二）数字动画

数字动画（Digital Animation），涵盖了传统动画的数字化呈现、计算机生成动画以及通过数字特效技术处理的动画等多种形态，可大致划分为二维动画与三维动画两大类制作方式。

1.二维动画

在计算机创作环境中，数字动画的表现形式极为丰富，具备多元化的风格和技术手段。在二维动画领域，数字动画的创作目标多样，能够生成水彩画、水墨画、油画、铅笔素描、简笔画以及扁平化设计等多种艺术风格，不仅能够模拟传统的手绘质感，还能借助矢量图形工具创作出具有极简风格和现代特色的动画作品。

此外，二维动画领域的创作者亦积极探索传统手工动画素材与数字资料相结合的创新方式。例如，通过运用先进的扫描与摄影技术，将古画、人物照片等传统图像素材转化为数字形式，进而作为动画创作的素材。同时，结合关键帧调整、图像变形工具等专业技术手段，能够塑造出既夸张又生动的动画效果，进一步拓展了数字动画的艺术表现空间。

2.三维动画

三维动画作为一种起源于数字环境下的动画形式，其创作全程均需在计算机软件所构建的虚拟空间中进行，具体涵盖建模、绑定、动画设计、渲染与输出等诸多关键环节。三维动画不仅在动画艺术领域占据重要地位，同时亦广泛应用于影视制作领域，能够塑造出更具空间立体感与高逼真度的场景与角色模型。三维动画技术的持续进步，不仅丰富了动画艺术的创作手法，更为影视行业的创新发展注入了新的活力。

（三）数字视频

数字视频（Digital Video）是一种动态影像形式，其涵盖范围广泛，包括数字电视节目、社交媒体与流媒体平台上的在线视频等具体类型。其中较为多见的是短视频。

数字技术的持续发展使得数字视频的制作与传播在当今社会占据重要地位，为人们提供了多样化的娱乐体验和信息传递手段。广义上看，无论是电影、电视节目还是广告，任何借助数字信号进行传播的动态影像均可被视为数字视频。

根据内容类型的差异，数字视频可被划分为长视频和短视频。长视频一般是指持续时间超过30分钟的视频内容，涵盖电影、电视剧、综艺节目以及直播等多种形式。而短视频，特别是那些时长在30秒以内的"超短视频"，主要是用于内容分享、广告宣传以及个人化表达等商业或个人目的。此外，数字视频亦广泛应用于教学演示、产品展示等实用领域。

根据制作方式的不同，数字视频可被划分为实拍类视频和计算机生成类视频。实拍类视频主要依赖于数字摄影机进行拍摄，而计算机生成类视频则主要借助动画和数字视效技术等手段制作。

在传播平台方面，传统电视台等主流媒体平台通常以播放长视频为主，在数字视频传播领域占据核心地位，拥有广泛的受众群体和显著的传播影响力。同时，随着网络技术的日新月异，如视频网站、社交媒体等视频平台逐渐崭露头角，这些平台以短视频为主要内容形式，吸引了大量年轻用户的关注。此外，各种视频类网站和手机端的移动应用程序也起到了不可忽视的作用。

三、交互影像

（一）交互装置影像

交互装置影像（Interactive Installations）是一种利用数字技术与影像元素融合创造的艺术装置或展览形式。其目的在于通过观众与装置的互动，如触摸、运动感应和声音反馈等方式，提供独特而深入的艺术体验。

在现代艺术领域中，交互装置影像已成为一种重要的艺术表现形式。在各种艺术展览、科技展示等场合，这种融合交互技术与影像显示的模式不仅能吸引观众的参与，更能增强艺术欣赏的体验感和互动感。因此，在设计和创作交互装置影像时，创作者不仅需要对创意主题和表现内容有深入的了解和把握，还需恰当地融入数字影像、计算机技术等科技手段，以实现艺术与技术的和谐统一。

（二）电子游戏

电子游戏（Video Games）同样是一种重要的交互式影像应用方式，能够利用数字影像进行信息的交互展示。在这一过程中，通过计算机、智能手机、游戏主机、体感交互设备以及虚拟现实设备等多种媒介设备，用户可以实现与游戏内容的互动操作。

电子游戏是一种以互动性为核心的娱乐形式，其完整参与流程的实现离不开外接设备的支持。一般而言，玩家需借助如计算机显示器、电视屏幕或移动设备屏幕等外接显示装置，以观察游戏视觉内容及实现实时互动效果。因此，高质量的影像表现不仅是完成游戏体验的必备要素，更能赋予玩家流畅且沉浸式的感受。随着行业标准及相关制作技术的不断进步，影像视觉设计在游戏开发中的重要性日益突出。

（三）虚拟现实类影像

虚拟现实类影像技术形式众多，其中包括虚拟现实（Virtual Reality，简称VR）、增强现实（Augmented Reality，简称AR）、混合现实（Mixed Reality，简称MR）以及扩展现实（Extended Reality，简称XR）等。用户通常需要借助头戴式显示器或利用智能手机与眼镜等外接设备，对影像进行沉浸式的体验。这些技术利用显示屏、透镜和3D投影等手段，将数字内容融入并叠加到真实世界中，创造出独特的数字影像形式。在这些技术中，还涵盖了体验、演艺、游戏等多种具体的应用分类。

当前，虚拟现实类影像已成为数字影像领域中极具应用潜力和技术创新性的范畴之一。它通过打破传统影像的观看方式，使用户得以身临其境地沉浸在数字世界中，实现与虚拟环境的实时交互。此种沉浸式体验不仅为用户带来了前所未有的视觉和感官享受，还为创作者提供了更为广阔的创作空间。

四、类型融合式影像

数字影像技术的不断进步与发展，源于科学技术的持续革新。随着数字媒体艺术的蓬勃发展，以计算机数字技术为基础的数字影像已成为人们日常生活中至关重要的组成部分，其社会影响力日渐显现。在现今的"新媒体时代"和"视觉文化时代"背景下，数字影像为人们提供了前所未有的表达和传播手段。无论是具有深厚历史底蕴的电影、电视片，还是近年来迅速兴起的短视频、社交媒体等多元形式，数字影像不仅为人们带来了丰富多彩的视觉体验，更在信息传达、情感表达、文化传播等关键社会功能方面扮演着至关重要的角色。

随着影像技术的不断革新和观众欣赏习惯的演变，数字影像的类型已经变得极为丰富多样。在前文中已经提及的三种基本类型之间，正逐渐展现出深度的交叉与融合趋势。如图1-6所示，"互动电影/视频"便是动态影像与交互影像相结合的创新产物。

图 1-6 数字影像的基本类型简图

进入现代社会之后，影像的发展史几乎与人类的进步史趋于同步，尤其以现代的数字影像最为显著。相较于其他传统艺术形式，数字影像为人们提供了更加真实、生动和多样化的视觉体验，所承载的信息更加具有生命力与表现力。

在当今新媒体时代的背景下，数字影像技术为创作者提供了新型的表达与传播渠道。凭借其便捷性与高效性，现代数字摄影已成为摄影创作领域的主流方式。此外，随着微型数码相机、具备摄像功能的智能手机等硬件设备的普及，以及配套软件的不断涌现，越来越多的普通用户得以涉足数字影像制作领域，从而间接培养出许多能够在网络上推广、销售与发行原创作品的独立制片人、艺术家。

数字影像类型的发展环境同样经历了深刻的变革。互联网上汇聚了海量的数字化影像数据，这些数据不仅方便存储、复制、处理和分发，而且呈现出爆炸式的增长趋势，极大地扩充了影像的"资源库"，为创作者提供了丰富的素材和前所未有的机遇。数字化技术极大地减少了信息在生成、传播和接收过程中的限制，从而使得信息能够触及更广泛的受众群体。影像作为信息传播的重要媒介，其传播的自由度已远胜于过去任何时期。借助新的创作技术与网络互动体验技术，互动式影像崭露头角，在传播与接受对象之间搭建了一座有效的沟通桥梁，使得互联网日益成为各类数字影像创作的首选环境。

目前，数字影像不再局限于传统的呈现和记录功能，而是逐渐演变成一种以动态影像为载体、以交叉技术为媒介、多元环境综合利用的影像艺术新形态。

第三节　数字影像的观念

数字影像的形态多样，目前在各个领域均得到了广泛应用。这些形态的形成，是经历了长期观念认知的革新而进化来的。从影像艺术的角度看，数字影像是一种时空、综合和视听艺术，需要在时间、空间、视觉和听觉等多个信息维度进行平衡，并根据需求进行富有创造性的把握。

在数字影像观念演进的过程中，有三个显著的方面具有重要意义。首先，数字影像从静态向动态的转变，极大地丰富了影像信息表达的维度和深度。其次，影像从单纯的纪实向创新再造的转变，不仅极大地拓宽了影像的美学范畴，还对视听语言的语汇进行了广泛而深入的拓展。最后，主流文化向大众传播模式的转变，使得数字影像真正实现了多样化的形态发展，从而促进了文化的广泛传播和交流。这些转变共同推动了数字影像观念的进步，使其在现代社会中扮演着越来越重要的角色。

一、从静态到动态

（一）画面张力

动态影像的最初形态是"动画"。从技术角度来看，动画即"画面信息"与"运动信息"的结合。自史前洞窟艺术时期起，图像作为传递和保存信息的关键手段，已为人们所发掘和应用。然而，相较于动态影像，静态画面所能传达的信息相对有限。这需要绘画者（早期图像的呈现往往依赖于手工绘制）具备高超的视觉传达技巧，才能在图像中充分展现其核心意义，并激发观众的想象力，以补充"缺失"的部分。

因此，在静态画面的表现中，常见的一个形容词便是"张力"，指通过绘画技巧来描绘元素的动态，进而引发观者对现实中物理临界状态的联想，从而赋予画面以"时间维度"的感知。这样的感知能够丰富观者对画面之外情景的联想与想象，引导观者思考画面所呈现的"故事"片段的"过去/未来"，借此从空间与时间上对画面的内容进行拓展，进而提升观者的审美体验，令人回味无穷（见图1-7）。由此可见，早在最初的静态视觉艺术阶段，人们便已萌发了为静态图像注入运动信息的理念。

图 1-7 米开朗基罗在梵蒂冈西斯廷教堂绘制的大型天顶壁画《创世纪》
（约 1508—1512）中的局部，该部分名为"创造亚当"，
展现了上帝将生命之火传递给亚当的瞬间

（二）构图设计

在绘画创作过程中，构成一幅完整的静态画作不可或缺的三大要素为线稿、色彩和材质。其中，线稿作为绘画的起始阶段，对画面的构图具有决定性的影响。构图设计在画面构成中占据至关重要的地位，它关乎画作中信息的呈现方式，同时也对信息的密度和逻辑结构产生深远影响。

1.构图设计与动态意识

比如，不同的创作者在决定画面构图的过程中，会有意识地选择把某个物体放在画面的中心位置，而其他的位置放置不必要的次要信息。此外在构图设计的过程中，一些创作者会有意识地选择将特定的物体置于画面的中心位置，以凸显其重要性，而其他次要信息则相应地安排在其他位置。此外，图像信息在画面中所占据面积的大小、方向、比例也是构图设计中的一项重要内容。

在描绘静态图像的过程中，为了有效展现画面的内在张力，创作者除

了描绘富含故事性和动态瞬间的片段，还可以通过精心设计的构图手法，赋予画面运动感。具体来说，相较于传统的水平与垂直构图方式，许多旨在强调运动感的图像倾向于采用斜线构图。例如，通过在画面的1/3或2/3处引入引导线——即将画面的关键元素以斜线的方式布局——可以人为地创造出视觉上的"动势"，进而引导观众的视线流动方向。这种手法使得整个画面呈现出一种动态的不稳定性和重力感，从而极大地提升了画面的生动性（见图1-8）。

图1-8　法国艺术家马塞尔·杜尚早期创作的立体
主义风格油画《走下楼梯的裸女》（1912），
画面呈现出从左向右的斜线式构图

2.西方现代艺术与"解构"

自20世纪初起，西方艺术领域涌现出现代主义思潮，其影响深远且广泛。在视觉艺术领域，现代主义思潮催生了立体主义、未来主义、超现实主义以及波普艺术等诸多流派，且均取得了丰硕的成果。这一时期的艺术家在工业革命等科技进步的影响下，不仅在艺术创作中投入了社会文化革新，更在作品中表现出对技术的崇拜。有的艺术家甚至巧妙地运用现成的工业产品作为创作素材，对"美"的定义进行了前所未有的创新。这种现象无疑为影像观念的革新提供了丰富的土壤。

马塞尔·杜尚（Marcel Duchamp），被誉为20世纪实验艺术的先锋及"现代艺术的守护神"。同时，他也是达达主义及超现实主义的代表人物之一。如图1-8所示，杜尚的早期作品《走下楼梯的裸女》（1912）体现了其创新性的艺术思想。在这幅画作中，杜尚巧妙地运用了五个不同"切片"瞬间的抽象组合，精准地捕捉了一个女孩从左上方的楼梯向下走的动态过程。这幅作品不仅通过斜线构图展示了强烈的动态视觉效果，更在绘画中巧妙地融入了"时间"的概念，实现了对"时间"的容纳式表现。

据说，该作品正是由于杜尚受到了摄影师的一系列表现形体活动的连续性照片启发才诞生的。这一现象也从侧面印证了在这一时期，绘画与摄影艺术（技术）之间相互借鉴、相互依存的紧密关系。

（三）动画逻辑

即使在静态的画面呈现中，我们依然能够捕捉到艺术家对画面张力和动态构图的执着追求。这种追求在动画设计中得到了进一步的凸显和强化。同时，在现代数字影像技术的支持下，创作者能够为动画注入"时间"的维度，使其不仅保持了原有的创意和魅力，更在动态表达上获得了新的突破和提升。

早期动画制作的过程十分烦琐，每一帧画面都需要手工绘制，一秒钟内需要完成8—24张画面。完成素材绘制后，还需经过后期制作将这些画面连接成段。在传统时期，动画通常采用胶片拍摄，并在放映机上播放，其制作流程与原始电影拍摄相似。随着科技的进步，现代动画已逐渐转向数字制作。在这一阶段，动画素材大多通过扫描方式存储于计算机中，并利用相关软件进行处理。无论是传统胶片还是现代数字影像，动画制作的工作量都相当庞大，往往需要一支多人团队合作完成。为了便于分工和协作，动画制作过程被细分为多个工序，每个工序都需要经过精心策划和执行。

1.分镜制作

如何在一张静态的画面中延展出更丰富的表现力呢？正如杜尚进行的早期尝试一样，动画创作者可以将一段故事拆分为无数个静态的画面（帧），并将其进行排列组合。进入现代化制作时期，配合数字影像制作技术，创作者可以方便地将所获取的素材串联为动态的影像画面。这种思路后来被总结为依据分镜头进行设计的创作方法。

分镜或分镜脚本，亦被称为故事板（Storyboard），是动画制作流程中的核心环节之一。其主要功能在于，通过分格图画的展现形式，预先对镜头进行细致的划分与安排，从而明确呈现影像内容的具体构成。这一重要步骤通常由导演本人或在分镜师的辅助下完成，是后续影片制作的"工程图"与"设计图"。这一步骤不仅在动画制作中极为关键，同时也在所有数字影像类型（如电影、电视剧、广告、短视频等）的制作过程中发挥着不可或缺的作用。

2.关键动作

当设计图（分镜）完全确定后，动画制作将进入下一个重要的阶段，即关键动作的绘制。这一环节也被称为"原画"或"关键张"阶段，需要判定并绘制动态元素的"起始"与"结束"瞬间，以展现出动作的核心要素。原画可以被类比为动画制作的"草图"阶段，是后续制作的重要基础。

在创作过程中，原画师需深入理解分镜头内容，并结合对动画角色表演的精准判断，在脑海中模拟演绎相关动作片段，并按需进行绘画设计。同时，原画师还需要熟练掌握与镜头语言相关的摄影技巧。原画的创作理念与上文所阐述的对"画面张力"的追求，实质上是一脉相承的。

实际上，动画原画师在动画制作中扮演着与实拍类数字影像中的"摄影师"或"摄影指导"相似的角色。他们决定动画的起始点、构图方式以及角色如何与镜头配合表演，从而创造出富有表现力和吸引力的动画作品。

目前，计算机生成式技术已经逐渐成为数字影像制作的核心驱动力。在构建这类"再造式"的影像画面时，其逻辑与工作流程均可参考动画的模式（如分镜、关键动作的设计等），不仅能够为作品增添动态元素，丰富其信息维度，而且能够助力其实现从抽象概念到具象形象的成功转化，从而推动创作过程由无到有、由概念到现实的呈现。

二、从纪实到再造

数字影像可以通过数字摄影或计算机生成两种方式实现，前者被视作纪实的手段，后者则可被理解为再造的手段。从历史角度看，纪实性影像的产生相对较早，例如世界上第一批电影《工厂大门》《火车进站》等，同时也是第一批纪录片。随着创作者掌握了以摄影技术为核心的纪实能力，人们得以在此基础上开展更为丰富多样的创造性活动，其中包括摄影的探索、基于蒙太奇的影像组织思维，以及从影像再造的角度重新构建画面、创造视觉奇观的尝试。

（一）基于摄影本性的探索

摄影技术（包括动态摄影）的出现，颠覆了自文艺复兴初期以来以"透视法"作为视觉艺术创作准则的传统。这一创新使得机器能够"一键"完成客观再现的任务，其精准度和细致度超越了任何技艺高超的画家。这一变革释放了艺术创作中的主观意识，使艺术家能够更自由地选择构成元素、视角和图像处理的方法，也使艺术家从"画得像"这一视觉再现的束缚中解放了出来，迫使传统艺术家开始重新审视绘画的本质，推动了艺术从传统向现代的转型。

电影及与之相近的视频艺术都有着较强的"摄影本性"，即无论是数字化再造的，还是直接取自现实的，观众心中对电影的画面期待是尽可能地"写实"，甚至"超写实"。随着计算机图像技术的发展，电影日益成为一种更加混合的形式，比如将实际拍摄的画面与数字合成效果、3D建模、动画素材等元素结合在一起，抹去基于摄影而存在的、"记录现实"的传统电影概念，充分使用如改变拍摄角度、改变纵深和"镜头"的焦点、高速摄影（慢动作）、倒摄、叠印、模型摄影等基于摄影机才能完成的艺术创作手法。

（二）蒙太奇：影像成为艺术的基础

本雅明把电影摄影师比喻成"外科医生"[①]：摄影机的镜头深刻探入现实生活，通过拍摄不同的片段，将它分解成各部分、多单元的形象，最后通过剪辑按照另一种新的、艺术的原则组接在一起。正因为这个过程的存在，即便素材来源于现实生活，却从根本上不同于现实生活。影像艺术具有强烈的创作主体性，是一种创造性的艺术活动。实现这一主体性的思维和创作方式被称为"蒙太奇"。

1.蒙太奇的定义

蒙太奇（Montage）是一个音译来的建筑学术语，意为构成、装配，电

---

① 本雅明.机械复制时代的艺术作品［M］.王才勇，译.北京：中国城市出版社，2001：50.

影发明后又在法语中引申为"剪辑"[1]，最早由苏联电影理论家谢尔盖·M.爱森斯坦（Sergei M. Eisenstein）在1923年提出。通俗地理解，蒙太奇即"影像视听语言的组合与构成"，从最基本的构成来看，它分为"镜头内"和"镜头外"两种基本类型。马诺维奇认为："剪辑，或蒙太奇，是20世纪仿造现实的重要手段。"[2]

2.镜头内外的蒙太奇

"镜头内"的蒙太奇，指的是在单一镜头内的影像视听语言组合方式（通常在非同期录音的情况下更多的指视觉语言）。一般需要通过拍摄角度、镜头运动、场面调度、构图等过程实现。这类似于在"一个镜头的时间"内绘制一幅"动态绘画"。比如要表现一个"女孩过马路"的镜头，摄影师会根据不同的表达诉求采取不同的取景范围、拍摄角度、运动方式和速度拍摄，此外，所选演员的姿态、表情、动作、服饰等因素，都会深刻影响单个镜头的表达意味。无论单个镜头的时间长短，这种镜头内的蒙太奇都会存在。

"镜头外"的蒙太奇，与"剪辑"的意思十分接近，指的是组织、拼贴、调和所需的视听语言素材，使之成为一个独特的艺术作品的思路与过程。创作者需要按照一定的创作目的和逻辑顺序，对已经形成的无数镜头素材（包含镜头内蒙太奇）加以组织，这一过程与"作家组织语言文字写作、画家利用颜色图形构成绘画"如出一辙。因此，影像艺术家创作的主体性在这个阶段得到了最大限度的发挥。艺术家与影像理论家们在不停探索这种组合与拼贴之间的"语法"，做出了如蒙太奇理论、电影符号学等一系列的尝试，寻找其与结构主义符号学、社会学、心理学、系统科学，甚至计算机编程语言等其他学科之间的研究共性。

---

① 许南明，富澜，崔君衍.电影艺术词典［M］.修订版.北京：中国电影出版社，2005：31-32.

② 马诺维奇.新媒体的语言［M］.车琳，译.贵阳：贵州人民出版社，2020：21.

（三）面向再造性的尝试

进入数字化革命时期，影像技术与绘画艺术开始在一定层面上走向融合，并成为"先锋艺术家"最热爱的一种视觉生产模式。从早期对胶片进行手绘式的后期处理，到利用计算机软件进行拼贴艺术、实验影像创作，再到动画艺术、数字合成技术的广泛应用，不同材质的视觉元素纷纷出现在画面中，给人以前所未有的视觉冲击。

以动画为基础的影像艺术美学是"再造性"的。在对现实生活中的多元事物、情境和叙述进行深入分析与提炼后，创作者可以构建出富含创新意味的影像形态，并以更加鲜明的主体性视角进行意义的诠释。"如果说传统的实拍电影是单面镜，则动画艺术就是镜中镜"[①]，无论制作所采取的手段是手绘、计算机生成、摄影实拍还是动画效果，都需要与日常生活的本来面貌不同，通常具备了夸张、变形、简化、抽象、荒诞等特质，是一种"再造的虚拟现实"，这和基于写实的摄影本性的传统影像艺术有着显著的区别。

在计算机生成影像及其他数字化创造形式的背景下，那些富含再造性元素的影像被视为一种独特的"创造生命"的艺术形式。随着创作观念的不断演进，除了常见的动画和电影视觉效果，人们已经看到了更多运用虚拟创构、数字合成等先进手段的实践案例。这些成果不仅进一步践行了影像"造梦"的艺术追求，同时也展示了影像艺术在再造性方面的独特优势。这种优势无疑为未来的艺术内容创新提供了更广阔的可能性。

三、从主流到大众

在信息化时代，数字影像已逐渐演变为现代社会的一面镜子，形形色

---

① 佟婷.动画美学概论［M］.北京：中国电影出版社，2015：117-118.

色的影像载体不仅是呈现社会现实、传递信息数据的重要介质，也成为大众文化交流与表达的重要平台。数字影像的变革，反映了人们生活方式的转变，也揭示了媒介技术的演进，展现了一种由主流文化领域向大众文化领域拓展的趋势。

任何一种新的媒介的产生与大规模使用，都需要经历一段漫长的适应过程，从"边缘"逐渐进化至"主流"，从"理念"逐渐沉淀为"规律"，进而在媒介类型中形成为大众所认知、接受的制作模式。数字影像的演进，直接受到行业及学术界对不同影像类型产品/作品的看法影响，其验证的首要环节便是影像的媒介应用。

（一）影像艺术的媒介与类型

影像艺术是一个较为广泛的领域，受到如电影、电视、计算机、互联网、智能手机等多个媒体历史的影响。每种影像形式都对应着特定的观看方式，给欣赏者带来独特的审美体验和艺术感知，这种观看方式由内外两重因素结合而成：外在媒介形式、内在内容结构。

外在媒介形式按照存在方式可分为静态、动态，单一视觉感知和视听觉、视听交互综合感知等类型；又可根据其具体的呈现形式被类型化为摄影、电影、动画、短视频、电视片、实验影像、交互影像、虚拟现实影像等。

内在内容结构则体现为创作者艺术表达的观点、视角、艺术语法、结构逻辑等。比如创作者选择的构图形态、拍摄角度，即承载了创作者的个体意识和独特观点；不同创作者作品的叙事方式和复杂多变的蒙太奇构成，也成为判定其独特艺术风格的重要标准。

（二）主流媒体与数字影像

1.主流媒体的特点

主流媒体是指在社会中拥有广泛影响力和受众基础的传播媒介。一般来说，主流媒体指的是电视台、报纸等相对传统且信息权威性较高的媒体形态。以我国为例，中央电视台（CCTV）及其下属的各子频道、各省市的地方卫视等，均属于主流媒体。此外，传统主流媒体还包括广播、杂志等其他形态。这些媒介在社会信息传播中发挥着重要的作用。

传统主流媒体的主要特点体现在以下几个方面。其一，其专业性较强，内容覆盖面广泛，影响力显著，相关内容一般需要经过专业的编辑与记者团队进行制作，以保证相关信息的权威性。其二，传统主流媒体拥有相对固定的版面与格式，以及稳定的推送播出频率和时间，如通过电视台定期播放新闻节目等。然而，由于其主要采取自上而下的单向传输模式，互动性相对较低，内容也通常需要经过严格的审核或依照固定的节目播出时间，因此信息更新的速度也相对较慢。

2. 主流媒体中的数字影像形态

主流媒体中的数字影像主要呈现为数字化的节目内容，具体涵盖了新闻、综艺、剧集、体育赛事等各大类别。目前，以电视台为代表的各类主流媒体正积极地向数字化转型，已经基本完成了将传统影像内容数字化，并利用数字技术提升传播效果的主要流程，为数字影像的新形态应用和发展奠定了媒介基础。

随着媒体形态的演变，传统主流媒体正逐步向新媒体领域拓展。比如，各类电视台纷纷创建官方互联网门户网站、视频网站和社交媒体平台等，中国网络电视台（CNTV）、央视影音客户端等均属于较为突出的代表案例。在这一进程中，除数字化的节目内容外，数字视频、短视频、直播、图文推送等形式也逐渐成为数字影像在主流媒体中应用的具体形态。

（三）新媒体与数字影像

新媒体是利用互联网、移动通信等数字化技术及其相关平台与应用实现信息传播的媒体形态。新媒体是数字影像传播的理想平台，相对于传统媒体而言具备高度个性化、多媒体融合能力等显著优势。

　　在新媒体环境下，受众不再仅仅是被动的信息接收者，而是可以积极参与传播与互动环节，因此数字影像内容的对象也从"观众"变成了"用户"，他们可以在观看影像的同时，通过分享、评论、点赞等方式进行社交互动，或参与既有内容的二次创作，甚至能够自行生成内容，形成了一种全新的内容产出与传播方式。这种高度自由的模式使得新媒体中的数字影像传播范围更广，媒介形态更加多样和富有变化。

　　从具体类别上看，新媒体中的数字影像有网络新闻、视频网站、微信公众号、直播、短视频等，也涵盖了文字、图片、音视频等多种具体形态。以中国字节跳动公司开发的短视频分享平台"抖音"（TikTok）为例，其平台上的数字影像主要呈现形式是用户自行发布的短视频，通常时长在15秒至1分钟之间。除了抖音，还有许多影像传播与制作相关的新媒体平台，能够提供如视频分享、内容录制与制作、特效滤镜、内容推荐、社交互动、娱乐消费等多种服务。这些平台在全球范围内拥有庞大的用户群体，成为该领域的典型代表。

第二章　数字影像基础技术

本章导读

　　相较于传统影像，数字影像在技术上展现出独特的优势。它以数字化形式存储，可通过计算机进行后期处理，且具备更高的分辨率和画质。本章重点阐述了数字影像的基础技术知识，包括数字影像的信号处理、编码与存储方式、影像控制的基本参数、数字摄影与曝光以及数字色彩控制等要点，使读者能够全面理解数字影像制作的相关技术。

第一节　数字影像的信号

　　按照不同的生产方式，数字影像的图像来源可被归为两类。第一类是"对现实世界图像的捕捉与处理"，其核心手段在于数字摄影技术的应用。第二类是"计算机图像生成与处理"，其主要依赖计算机生成类技术，例如数字绘图和三维建模等，以"无中生有"的方式创造出图像。此外，在数字影像的大系统中，声音也是一项不可或缺的元素。

　　在数字影像的创作流程中，图像和声音的原始形态都是数字化的，这意味着它们需要经过一系列获取和存储步骤，最终才能以适当的形态展现在各种数字平台上。这一过程包含的关键环节有信号采样、信号转换、编码以及存储等。在后续步骤开始之前，创作者的首要任务是采集所需的图像和声音信息，并将其进行适当的数字化处理。

一、模拟信号与数字信号

　　以数字图像信号采样为例，摄影或扫描图像的过程，实际上是通过数字设备（如数字相机或扫描仪）将现实世界中的图像转化为数字形式的过程。这一过程在技术上表现为一种信号处理和转换，其核心在于将模拟信号转化为数字信号（二进制形式的0或1）。数字声音的处理与此类似，也涉及从模拟信号到数字信号的转换。

（一）模拟信号

　　模拟信号（Analog Signal）是一种连续变化的信号，它模拟了现实世界中物理量的连续变化。无论是光线的强弱、颜色的微妙变化，还是声音的振动，模拟信号都能够以时间和幅度的连续变化来反映这些物理现象，展现出其连续性和细腻性。

在数字影像技术普及之前，模拟信号被广泛用于广播、录音机、唱片机、电话等传统媒介的信息记录与传播。然而，由于其连续变化的本质特性，模拟信号在长距离传输和长时间存储过程中极易受到外部干扰，进而导致信号质量的降低与失真。

随着技术的进步，数字影像逐渐取代了模拟影像。以数字摄影为例，设备中的数字传感器能捕获图像并将其转化为离散的数字信号。数字信号因其出色的抗干扰性、高精度和高可靠性，已成为现代通信技术和媒体技术的核心形式。

在数字摄影或扫描过程中，图像传感器扮演着至关重要的角色，它负责识别并捕捉光学图像。模拟信号可以有无限个可能的取值，呈现出连续性的特点。然而，在数字影像处理的环境中，数据必须以离散的形式存在，以便于进行各种处理操作。因此，必须经过信号转换的过程（见图 2-1）。

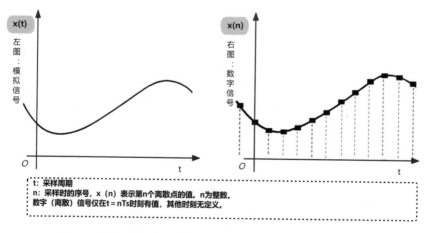

图 2-1　模拟信号（左图）和数字信号（右图）的呈现方式

（二）数字信号

数字信号（Digital Signal）是一种在时间及幅度上均不连续的信号，它以离散的形式来传递信息。在数字信号中，每个样本（Sample）都通过数字编码进行表示，可以用来呈现图像、声音、视频等多种类型的信息。

1.数字信号的单位

数字信号的最小构成单位是比特（Bit），这一单位在二进制编码系统中通过0和1来表示，每个比特承载一个信息单元，它在数字系统中表现为一个二元选择或状态，其取值是1或0。其中，1象征着高电压或信号的存在（类似于逻辑中的"是"），而0则代表着低电压或无信号的状态（类似于逻辑中的"否"）。

数字信号的分辨能力和信息容量取决于比特的数量。比如1个比特能够表示2种状态，而2个比特则能够表示4种状态，以此类推。这表明比特的数量与数字信号的表达能力成正比。

2.数字信号的离散性

数字信号因其离散性质，得以更便捷地实现存储、处理与传输，并可通过计算机数字系统实现精确操控。

在数字摄影和扫描的过程中，图像数据会经过采集与转换，最终成为离散的数字信号。如图2-2所示，数字相机可以利用图像传感器捕捉光线，并在快门按下的瞬间，将光信号转化为数字信号。这一转换过程使得相机能够对图像进行内部处理、编码和存储。每个像素均对应一个具体的数值，这些数值能够表达像素的亮度、颜色等属性。通过对这些数字信号进行有序的处理、编码与解码，我们能够获得高质量的数字图像。与此类似，声音和视频也能通过相似的方式转化为数字信号，形成由比特构成的数字编码值（Digital Code Value）。这一转换过程为数字音视频的处理与传输提供了基础。

图 2-2　数字相机捕捉画面的过程（摄影：应宇剑）

二、信号采样与信号转换

（一）信号采样

在数字影像领域，多数直接来源于现实世界的信号，如亮度、颜色、声音、电压和电流等，均属于模拟信号范畴。为了确保这些信号能在数字环境中得到妥善处理和利用，必须对其进行数字化转换。

在模拟信号向数字信号转换的过程中，必须依据特定规则和频率对模拟信号的波形进行测量取值，这一过程被称为采样（Sampling）。在数字影像领域，采样是实现模拟信号到数字信号转换的核心环节，为后续的数字处理、压缩和传输提供了基础，确保了数字影像的稳定质量和高度保真。采样范畴、方式及频度的不同，均会对生成的数字信号质量产生直接影响。

1.采样率

在采样过程中，模拟信号需以特定时间间隔进行抽样，进而获取离散样本点。这一时间间隔的频率被定义为采样率（Sampling Rate），其高低水平直接影响着采样的精确度。通常情况下，采样率越高，即每秒采样的次数越多，所生成的数字信号与原始信号的对应程度更为精确、还原度更高。然而，这也将导致数据量和处理的复杂性增加（如图2-1所示）。

当采样频率与被采样对象的频率之间存在一定的关联性时，便会出现摩尔纹（Moire Pattern）干扰现象。以摄影为例，当拍摄如规则网格、平行线条、周期性重复图案、计算机或电视屏幕等对象时，其排列（出现）的频率与相机的采样频率产生相互作用时，会导致明暗条纹、扭曲效果干扰和视觉畸变，从而影响图像的观感。因此，为确保图像质量，采样率需根据实际情况进行相应调整。此外，在摄影等数字图像采集过程中，还可以考虑调整曝光时间、快门速度、拍摄角度等因素，以进一步优化图像效果。

2.采样深度

采样深度（Bit Depth），又称位深度，是指每个样本所使用的二进制位数。它体现了量化位数的具体数值，是评价采样系统性能的关键参数之一。位深度决定了采样系统能够表现的"离散级别"的丰富程度，进而影响数字信号的精确度和动态范围。在数字影像中，位深度对于像素的颜色和亮度信息的准确表达至关重要。常见的位深度有8-bit、10-bit、12-bit和16-bit，这些规格提供了不同的呈现效果，能够满足不同应用场景的需求。

位深度的设定取决于总比特数和每个通道的比特数，包括红色（R）、绿色（G）、蓝色（B）以及Alpha通道。举例来说，8-bit（8位）是指每个像素的颜色信息由8个二进制位表示，每个颜色通道拥有256个亮度级别

（ 2^8 =256）。而在10-bit（10位）模式下，每个像素的颜色信息由10个二进制位表示，每个颜色通道的亮度级别可以从0到1024（ 2^{10} =1024）变化（见表2-1）。

表 2-1　常见位深度

位数 （Bit Depth）	RGB 颜色模型下的亮度级别 （Number of Levels）	应用范围
8-bit	256	普通照片、Web 图像、基本视频编辑
10-bit	1024	电影制作、专业摄影、广播行业
12-bit	4096	影视后期制作、摄影专业、色彩校准
16-bit	65,536	高动态范围（HDR）图像、医学影像、科学研究

单通道的位深度越高，能呈现出的色调等级就越高。位深度的增加意味着更多的离散级别被纳入考量，这不仅能够增强图像捕捉细微信息的能力，更可以促进色彩过渡的平滑性和色彩表示的精准性。这些因素共同作用于图像的准确性和细节表现力，使其得到显著提升。

3.采样方式

采样通常涉及两个维度：时间与空间。在时间维度上，采样指的是按照预设的时间间隔对模拟信号进行捕捉，这在数字影像领域中通常表现为声音采样。在空间维度上，采样则是指按照固定的空间间隔对图像像素进行提取。在数字影像领域的实际应用中，采样主要体现为色度采样、亮度采样以及声音采样等形式。

（1）色度采样

色度采样（Color Sampling），或称色彩采样或色度抽样，是一种针对图像颜色信息的特定采样技术。该技术通过使用不同的频率对亮度信号和色度信号进行采样，以实现图像颜色的全面捕捉。

在实际应用中，色度采样在YUV色彩模型中尤为常见，其中Y代表亮度分量，而UV分量中的Cb和Cr则代表色度分量。通常以Y:Cb:Cr的格式来进行表示。这三个数值分别对应每个像素在水平方向上的"亮度（Y）、蓝色色度（Cb）和红色色度（Cr）"样本。通常情况下，Y分量以全分辨率进行采样，而UV分量则以较低的采样率进行。常见的色度采样模式包括4:4:4、4:2:2以及4:2:0等（见表2-2）。

表2-2　常见的色度采样方式

方式	释义	应用范围
4:4:4 采样	每个像素都有完整的亮度（Y）样本、蓝色色度（Cb）样本、红色色度（Cr）样本。每个像素的亮度和色度都进行完整采样，没有任何压缩。这意味着在色彩表现上具有最高的质量和准确性	质量最高，适用于专业图像处理、电影制作和高保真领域
4:2:2 采样	每个像素都有完整的亮度（Y）样本；每两个相邻像素共享一个色度样本（采样率降低一半），色彩信息相对于亮度信息的分辨率较低，但仍保持较高的色彩准确性	质量稍低，适用于广播、视频制作和专业摄像领域。可在保持相对高质量的同时减少数据量
4:2:0 采样	每个像素都有完整的亮度（Y）样本；每两个相邻像素共享一个色度样本，且每隔一行对一种色度信息进行采样。进一步减少了数据量	质量更低，适用于消费领域的视频压缩和传输，如DVD、视频流媒体和数字广播

（2）亮度采样

亮度，即对图像中像素明亮程度的度量，反映了图像中的"灰度级别"。亮度采样（Luminance Sampling）作为一种技术手段，其核心目的在于精准地获取图像中的亮度信息，并在后续的图像处理和显示中保持图像的质量。在实际应用中，亮度采样常与色度采样结合使用，共同构成图像信息采集体系的组成部分。

在亮度采样的过程中，每个像素的亮度信息均通过单一的采样点来体现。采样点数值的位深度越高，所能表达的亮度级别便越丰富、图像的渐变细节与灰度平滑度水平亦会随之提升。在实际应用中，常见的亮度采样位深度包括8位、10位和12位等。例如，在8位亮度采样（常用于标准的图像和视频处理）下，总共有256个不同的亮度层次。这些亮度值会被映射至灰度色彩空间，进而覆盖从0（代表纯黑色）至255（代表纯白色）的灰度范围。

另外，数字摄影中的动态范围（Dynamic Range），亦与亮度采样密切相关。具体而言，动态范围指的是图像或视频中，从"最深邃的暗部细节"至"最明亮的高光细节"之间所涵盖的亮度级别。它是评估数字相机传感器、图像监视器等成像系统，能否精准呈现场景中亮度水平变化能力的重要指标。动态范围的广度直接决定了图像或视频的对比度和细节丰富度，通常以比特位数，例如8位、10位、12位等，进行量化表示。

目前，数字高清摄影在动态范围能力上持续提升，已能媲美甚至超越传统胶片所展现的精细度。此外，高动态范围（High Dynamic Range，简称HDR）影像技术，通过运用较高的亮度采样位数与独特的图像处理算法，有效拓宽了影像的动态范围，使其在明亮与暗淡区域均能保留丰富的细节，进而更精准地呈现场景中亮度的微妙差异。

（3）声音采样

声音是一种动态变化的模拟信号，需经过采集和数字化处理，以转化为可被处理的数字信号。声音采样率指的是每秒对音频进行采样的次数，它决定了音频的质量和清晰度。采样率通常以赫兹（Hz）为单位来进行量化表示。

人耳能够感知的声音信号频率范围大约是在20Hz至20000Hz之间。为了避免高于20000Hz的高频信号干扰，必须在采样之前对输入的声音信号进行滤波处理。声音信号滤波器在20000Hz范围约有10%的衰减。此外，为确保声音信号与视频信号的同步性，采样频率的设置需以22000Hz的两倍频率为基准，同时考虑到电力系统标准频率如PAL（Phase Alteration Line，电视广播制式）制下的扫描频率为50Hz，NTSC（National Television Standards Committee，全国电视系统委员会制式）制下的扫描频率为60Hz，采样频率还应是这些值的整数倍。

数字声音信号的采样频率可以根据不同的应用场景进行适配。其中，44.1kHz和48kHz作为常见的采样率，被广泛应用于各种音频处理设备中。具体而言，44.1kHz的采样率被普遍认为是CD音质的标准，而48kHz则常被用于标准视频音频的录制与播放。更高阶的96kHz采样率，则常见于高保真音频的处理中。总体而言，更高的采样率代表着更广的频率范围和更优的音频细节。

（二）信号转换

在上述采样过程中，图像、声音等模拟信号被等间隔地取样，形成了一系列"在时间上不连续、在幅度上连续"的"离散时间信号"，再经过不同算法的量化过程变成了数字信号。此后，还需根据精度、动态范围及实现成本等角度进行选择，通过信号转换设备将其转换为所需的二进制编码方式，进行滤波、频谱分析等各种各样的数字处理。

1.模数转换器

在信号处理过程中，需要经过"模数转换器"（Analog to Digital Converter，简称ADC）将模拟信号转换为数字信号。

ADC通过采样与量化的技术过程，将连续的模拟信号转化为离散的采样值序列。以数字摄影为例，经过ADC的采样和量化处理后，所获取的数值将被传输至相机内部的数字信号处理器（Digital Signal Processor，简称DSP）。这些数值可通过特定位数的比特数进行表示。在此过程中，采样率与量化精度（位深度）的选择至关重要。比特数用于量化精度的表示，一般而言，数值越高则精度越高，从而确保数字信号能够精确反映原始模拟信号的真实情况（见图2-3）。

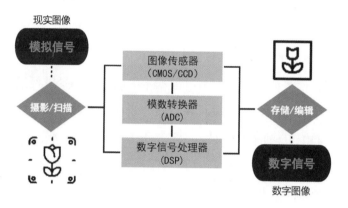

图2-3　数字摄影/扫描信号处理的常规流程

2.数模转换器

在特定情境下，为了确保数字信号能够被有效地聆听或观赏，还需要将其还原成模拟信号。这同样是数字信号处理流程中的一个重要环节。

数模转换器（Digital to Analog Converter，简称DAC），其主要职责是将数字信号精确转换回模拟信号。以音频处理为例，音频文件最初以数字形式存储，但要通过DAC才能将其转化为模拟信号，从而通过扬声器播放出人类耳朵能够捕捉到的声波。然而，在仅涉及数字图像处理的场景中，无须输出模拟信号。

经过一系列信号采样与信号转换流程，图像与声音信息均得以转化为数据形式，进而在数字环境中实现高效处理与存储。

第二节　数字影像的编码与存储

一、存储媒介

在摄影技术发展的初期，多数高清摄影机依赖于磁带或光盘作为存储媒介。然而，这些传统存储媒介存在明显的局限性：存储容量相对有限、体积庞大、携带不便。若需进行数字化编辑，还必须执行烦琐的"导入"步骤，例如通过IEEE（美国电气电子工程师学会）1394"火线"接口捕捉视频，这在一定程度上影响了读写的效率。随着数字摄影技术的崛起，新一代摄影机实现了以数字信号直接存储资料的革命性进步。在这一进程中，存储卡（Memory Card）逐渐成为主流的存储媒介，其中包括SD卡、CF卡、Micro SD卡等多样化类型。这些存储卡不仅体积小巧、携带方便，而且能够根据用户需求进行扩展，因此得以迅速普及。

在计算机生成影像方面，鉴于其固有的数字信息属性，相应的存储媒介自然沿用计算机的存储媒介，诸如内存（Memory）、硬盘驱动器（Hard Disk Drive，简称HDD）、固态硬盘（Solid State Drive，简称SSD）以及闪存驱动器（Flash Drive）等。随着互联网技术的不断革新，诸多创作者亦倾向于采用云存储（Cloud Storage）的方式，将文件直接上传至云端服务器，以便按需下载、共享和使用。

二、存储单位

由于数字影像的存储涉及将模拟信息转换为数字信息的过程，并最终以比特（计算机中最基本的数据单位，用于表示二进制的0或1）的形式进行存储，因此，其存储单位也必然是数字单位。

（一）字节

字节（Byte）是计算机系统中常用的数据存储单位，它代表着8个二进制位（Bit）的组合，构成了计算机中最基本的数据单元类型，在表示文件大小、存储容量以及数据传输速率等多个方面扮演着关键角色。在计算机系统中，字节和比特的关系是：1字节（Byte）=8比特（Bit）。

（二）常见存储单位

在二进制计算机系统中，除了字节与比特等基本的存储单位，还存在其他常见的媒体存储单位，如兆字节（MB）、千兆字节（GB）等。这些单位在数据存储和传输中扮演着重要角色（见表2-3）。

表2-3　二进制计算机系统中表示存储容量的常见存储单位

存储单位	容量
比特（Bit）	最小的数据单位，表示0或1
字节（Byte）	8比特，用于表示数据存储容量
千字节（KB）	1024字节
兆字节（MB）	1024千字节（1,048,576字节）
吉字节（GB）	1024兆字节（1,073,741,824字节）
太字节（TB）	1024吉字节（1,099,511,627,776字节）
拍字节（PB）	1024太字节（1,125,899,906,842,624字节）
艾字节（EB）	1024拍字节（1,152,921,504,606,846,976字节）

（三）比特率

数字视频或图像等内容通常以数字编码值的形式呈现，这些编码值以比特位（Bit）为单位进行表示。比特率（Bit Rate）是一个衡量指标，用于描述每秒传输的比特数量，进而反映信息的传输速率、数据传输容量、数据压缩比率以及网络带宽等关键参数。一般而言，比特率越高，数据传输速度越快，同时文件（信息容量）也会相应增大。在数据存储领域，通常以字节数（用大写字母B表示）作为基本单位。而数据传输率则是以每秒传输的比特数（用小写字母b表示）作为计量单位（见表2-4）。

表 2-4　常见的比特率及应用场景

比特率	应用场景
32kbps	电话音质、低比特率音频传输
128kbps	媒体流媒体、标准音频质量的音乐
256kbps	中等音质音乐流媒体、音频编码
512kbps	高质量音频流媒体、视频会议
1Mbps	高清视频流媒体、视频转码、在线游戏
2Mbps	HD 视频流媒体、高清视频会议
4Mbps	4K 视频流媒体、高清视频制作
8Mbps	8K 视频流媒体、视频后期制作
16Mbps	VR/AR 应用、高帧率游戏
32Mbps	高带宽需求的 VR/AR 应用、专业影视制作
100Mbps	大规模数据传输、数据中心互连
143Mbps	超高清视频流媒体、高速数据传输
177Mbps	超高清视频流媒体、高速数据传输
270Mbps	超高清视频流媒体、高速数据传输
360Mbps	超高清视频流媒体、高速数据传输
1Gbps	高速数据传输、企业网络
10Gbps	高性能数据中心网络、高速局域网

三、文件格式

（一）基本内涵

数字影像的文件格式是一种特定的编码与结构体系，专为数字信号的存储与传输设计。这些格式各有特色，不仅决定了数据的组织方式，还规定了元数据信息的存储方法。此外，它们在影像的压缩与解压缩技术上也有所不同。在压缩数据、控制影像质量以及文件大小等方面，这些格式展现出各自独特的优势与特点。

文件格式因其应用领域和使用场景的不同而各有差异。例如，某些格式是为了编辑工作流程而设计的，因此被称为"工程文件格式"，而另一些格式则适用于数据的存储、传播、交互和发布，这些通常被视为最终的封装格式。无论是何种构造，每个数字影像文件都包含了一系列承载着关键信息的基本属性，如画面尺寸、画幅比、帧频率（针对动态影像文件）、比特率和音频采样率（针对音视频文件）等。

（二）常见类型

数字影像格式按其性质与用途可划分为静态影像格式、动态影像格式及交互影像格式等三大类别。

1.静态影像格式

在静态图像领域，常见的图像文件格式有JPEG、PNG、TIFF等。JPEG主要适用于压缩照片，PNG常用于保存需要透明度的图像，而TIFF则广泛应用于专业印刷品的存储。此外，随着数码摄影技术的不断发展，RAW格式也逐渐普及，其目的是以最小信息损失保存传感器发送来的图像数据（如曝光、白平衡、伽马、色彩饱和度等）以及捕获图像的条件数据

（时间、位置、操作者等），这种无损格式有助于摄影师在后期处理中更好地控制图像，减少曝光不足、信号失真等问题，并为进行色彩校正和数据处理提供了更大的灵活性。然而，由于RAW格式包含的信息更为丰富，因此其文件也较大，需要更多的存储空间。

2.动态影像格式

动态影像常见的格式包括MP4、Quicktime、AVI、GIF等。其中，MP4因其在互联网视频共享和流媒体传输中的广泛应用而备受瞩目；GIF则因其介于动态影像格式与静态影像格式之间的特性，特别适合存储简单的动画效果。此外，各种动态影像处理软件也催生了不同的工程文件格式，诸如Adobe Premiere Pro项目文件".prproj"、Final Cut Pro X项目文件".fcpx"、DaVinci Resolve项目文件".drp"等，均为行业中较为常见的类型。

3.交互影像格式

在交互式影像领域，SWF和HTML5是两种被广泛应用的格式。SWF主要被用于创建交互式动画和应用程序，其丰富的交互性和动画效果使得用户能够获得更加生动的体验。而HTML5则以其强大的多媒体支持能力著称，它可以结合各类脚本技术，实现丰富多样的交互式影像应用。选择使用哪种格式，主要取决于数字影像的具体特性和所需实现的功能（见表2-5）。

表2-5　常见的数字影像类型的文件格式

静态影像		动态影像		交互影像	
格式	描述	格式	描述	格式	描述
JPEG	常用于图像压缩格式，支持高质量图像存储和传输	AVI	视频文件格式，标准微软 Windows 容器格式	SWF	Adobe Flash 动画格式，用于交互式动画和游戏

续表

静态影像		动态影像		交互影像	
格式	描述	格式	描述	格式	描述
PNG	无损图像格式，支持透明度和高色彩深度	Quicktime	后缀为 .mov 的文件格式，常用于存储传输视频，由苹果公司开发	HTML5	HTML5 技术的网页和应用程序，可包含交互式图像、视频和音频
TIFF	无损图像格式，支持高质量图像存储和后期处理	MPEG	MPEG 多媒体格式，包括 MPEG-1、MPEG-2 和 MPEG-4 等压缩视频格式	Unity3D	用于创建交互式 3D 应用程序和游戏的多平台开发引擎
BMP	Windows 位图格式，无压缩的图像格式	MP4	常见视频文件格式，基于 MPEG-4、Quicktime，广泛用于存储传输数字视频	VRML/X3D	用于虚拟现实（VR）和增强现实（AR）的三维交互场景描述语言
RAW	相机原始图像格式，保留了相机感光元件捕捉到的原始数据	Flash Video	Adobe Flash 视频格式（FLV/F4V），常用于 Web 上的动态视频播放	SVG	可缩放矢量图形格式，用于创建交互式矢量图形和动画
HEIF（HEIC）	高效图像格式，具有更好的压缩性能和更多功能，常用于移动设备和网络传输	MKV	Matroska 多媒体容器格式，支持多种音频、视频和字幕流	WebGL	用于在 Web 浏览器中实现 3D 图形渲染和交互的 Web 标准

静态影像		动态影像		交互影像	
格式	描述	格式	描述	格式	描述
—	—	RM	RealMedia 视频格式，常用于流媒体传输和实时视频播放	GIFV	基于 GIF 格式的视频格式，支持较小的文件大小和无限循环播放

第三节　影像控制的基本参数

鉴于数字信号所具备的离散性特点，我们能够对数字影像进行较为精确的操作与控制，从而实现多种特效、编辑和增强。通过科学合理的影像控制与处理，能够塑造出更为鲜明突出的影像特征，并展现出具有特色的视听魅力。

数字影像的特征涵盖多个方面，其中包括像素数量、分辨率、色彩平衡、伽马值（Gamma）等视觉特征，以及音量（Volume）、声道（Sound Channel）等听觉特征。此外，还涉及帧频率、压缩比、码流率等编码、压缩和演绎方面的特性。

一、像素

像素（Pixel）是图像信息最基本的构成元素，每个像素都代表着图像中特定的颜色或灰度信息。这些微小的信息点本身没有固定的大小，其具体的效果受到图像质量和显示设备性能等因素的共同影响。图像信息是数字影像视觉特征的主要构成要素，我们可以将其理解为某种"空间变量函数"的组合结构。

数字图像由众多像素构成，每个像素均承载着特定的位置和属性，宛如一幅由无数微小"马赛克"单元拼贴而成的图像。这些像素在数字环境下，按照既定的规则和逻辑进行排列组合，共同构成了我们所见的完整图像。

在数字化的图像编辑与处理中，可以通过其中每个像素的精细操控实现图像的增强、修复、编辑和转换，还可以应用滤镜和特效，进行图像重构和复原等，从而改变图像的外观、质量和内容，满足不同领域、不同层面的需求。

人们常将数字相机中的感光点（Photosite）或图像传感器元素（Image Sensor Element）与像素混淆。像素可以看作对感光点的数据的处理结果，而感光点是图像传感器上的物理结构点，每个点都配备有光敏元件，用于捕捉并记录光线信息。这些感光点通常会配备滤色镜，只允许特定颜色（通常是三原色之一）的光线通过。只有当感光点接收到光线信息（红、绿、蓝光线的变化）并经过相应处理后，才会生成像素。因此，感光点的数量及其排列方式，对相机的分辨率和成像质量具有决定性的影响。

二、分辨率

（一）分辨率的含义

分辨率（Resolution）是数字影像中可见细节的数量与质量的度量标准。当图像被放大时，人们能够观察到构成图像的像素点。这些像素点的尺寸与数量，正是由分辨率所决定的。因此，分辨率直接影响着图像的清晰度和细节展现程度。简而言之，分辨率越高，单位面积内的像素数量就越多，像素密度越大，图像展现的细节就越丰富（见图2-4）。

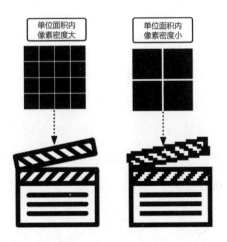

图 2-4　在同尺寸的画面中，像素密度越大，分辨率越高，影像越清晰

（二）高清标准

　　高清（High Definition）是一个与分辨率紧密相连的概念，指的是图像具有相对较高的像素密度。最早的模拟高清视频信号出现于20世纪70至80年代。随后，在2000年左右，数字高清（Digital High Definition，简称HD）技术开始在影视行业中崭露头角，广泛应用于广播、录像和显示设备等领域。

　　标清（Standard Definition）分辨率是与高清相对的概念，前者通常指的是720×576像素（PAL制式）或720×480像素（NTSC制式）的视频分辨率，适用于传统的标准电视显示设备。随着技术的进步，标清已经被高清逐渐取代。

　　在数字影像领域，分辨率的表达方式通常为水平像素（Horizontal Pixels）与垂直像素（Vertical Pixels）的乘积。分辨率越高，图像显示的细节和清晰度就越高。其中，高清影像常见的分辨率有两种，即1920×1080像素（Full HD，全高清）和1280×720像素（HD，高清）。具体来说，全高清影像的分辨率为1920×1080像素，这意味着图像在水平方向由1920个像素点构成，在垂直方向上由1080个像素点构成。

此外，常见的分辨率标准还包括2K高清，这一标准通常以画面水平方向的像素数量进行衡量，大约包含2000个像素。另一项重要标准是4K超高清（Ultra High Definition，简称UHD），其分辨率为3840×2160像素，提供了更为细腻和逼真的画面效果。最后，8K全超高清（Full Ultra High Definition，简称FUHD）作为目前行业中最高级别的分辨率标准之一，其分辨率约为7680×4320像素（见表2-6）。

表2-6　常见的分辨率标准

分辨率标准	分辨率（水平 × 垂直）
标清（Standard Definition）	720×576（PAL 制式）/720×480（NTSC 制式）
高清（HD）	1280×720
全高清（Full HD）	1920×1080
2K	2048×1080
4K（UHD）	3840×2160
8K（FUHD）	7680×4320

在数字图像处理过程中，必须充分考虑像素的分辨率和位深度，即每个像素能够表达的颜色或亮度层级的数量。更高的分辨率和位深度能够提供更为精确和真实的图像呈现，但相应地，它们也会增加数据量和处理复杂性，从而导致图像文件体积的增大。因此，创作者在选择分辨率标准时，必须综合考虑显示尺寸、硬件性能以及应用需求等因素，以确保选择最适合的分辨率标准。

三、画幅比

在数字摄影和动态影像等领域中，画幅比同样是十分重要的参数，它描述了屏幕"长边"与"宽边"之间的比例关系。不同的画幅比会给观众带来不同的视觉感受，这是影响观看体验的重要因素之一。因此，在选择合适的画幅比时，需要考虑到影像的内容和观众的观看需求，以达到最佳的视觉效果。

在摄影领域中，1:1的方画幅是最早出现的形式，其拍摄的影像尺寸呈正方形。然而，随着主流影像设备和审美观念的演变，摄影逐渐衍生出更多不同的画幅类别。

（一）常见标准

目前，在数字影像领域中，普遍采用的画幅比标准主要有两种，即4:3与16:9。其中，4:3（1.33:1）画幅比，亦被称为学院画幅比或传统电视画幅比，它起源于传统的电视时代。由于该比例与正方形较为接近，因此它能够有效地凸显画面主体，进而吸引观众的注意力，使其更加聚焦于画面的核心内容。

在第二代宽屏高清电视技术的推动下，诞生了16:9（1.77:1）的标准画幅比，该比例因其适应性和普及性而被广泛接受为宽屏电视的标准画幅比，同时也是目前影视制作领域中最为主流的画幅比标准。

（二）其他标准

除此之外，数字影像画幅比的标准还涵盖多种比例，其中包括1.66:1（欧洲电影标准）、1.85:1（35毫米电影胶片画幅比）、2.39:1（宽屏35毫米电影胶片或变形宽银幕）、2.76:1（超宽屏70毫米电影胶片或变形宽银幕）等。

随着新媒体的发展，手机等移动设备的竖屏播放需求不断增长，因此，多样化的竖屏影像画幅比模式应运而生，如常见的1:1、4:3、16:9等画幅比（见图2-5）。这些模式的出现，为新媒体内容的创新和用户体验的提升提供了更多可能性。

图 2-5　从左至右依次为 1:1、4:3、16:9 画幅比呈现出的视觉效果

四、帧频率

帧频率（Frame Rate），是指在动态影像中每秒所展示的画面帧数。它是衡量视频流畅程度以及运动场景真实感的关键因素，通常以"fps"（Frame per Second，每秒帧数）为单位进行计量。

（一）常见帧频率

美国和欧洲在早期的帧频率标准上存在差异，这主要源于两国电力系统运行频率的不同。美国的电力系统以稳定的 60Hz 运行，为确保摄像机和电视机在同步状态下工作，美国选择了 30fps（每秒 30 帧）作为其标准的帧频率。相对而言，欧洲地区的电力系统频率为 50Hz，因此选择了 25fps（每秒 25 帧）作为其标准的帧频率。这种选择确保了摄像机和电视机在不同地区的电力系统下能够正常工作，同时保持了影像的连贯性和稳定性。

在电视行业中，由于 30fps 与电视的副载波信号可能相互产生干扰，工程师们采取了微调措施，将帧频率调整至 29.97fps。对于以 24fps 拍摄的胶片，在进行转换转出时，其实际帧频率则变为 23.976fps。在电影和视频艺术领域，24fps 与 30fps 是两种常见的帧频率。例如，胶片电影通常以每秒 24fps 的速率播放，为观众带来独特的"电影感"体验。而部分视频则以 30fps 进行呈现，为观众提供流畅的观看体验。

（二）高帧频

高帧频（High Frame Rate，简称HFR）是一种相对先进的技术和概念，它指的是通过提高影像的帧频率来提供更清晰、更真实的视觉体验。相较于传统的24fps、25fps、30fps帧频率，高帧频采用更高的数值，如60fps、120fps、240fps等，以捕捉快速运动和细节。这种技术能够显著减少运动模糊和撕裂现象，使影像更加流畅和自然。在高速运动、快速切换场景和特殊效果的应用中，高帧频能够显著改善影像质量，使观众的视觉感知更为真实和流畅。

高帧频技术在包括电影、电视、游戏以及虚拟现实等多个领域，均得到了广泛应用。举例来说，部分电影导演为呈现出更为生动且逼真的画面效果，选择使用高帧频技术进行拍摄，如"霍比特人"系列（2012—2014）选用了48fps、《比利·林恩的中场战事》（2016）则选用了120fps。

在游戏行业中，高帧频技术的应用也日益普及，旨在提供更加流畅的游戏画面和高反应速度，以优化玩家体验。以大型多人在线游戏《绝地求生》为例，它支持60fps以上的帧频率，使得玩家在游戏中能更精准地感知操作环境的变化，从而提升游戏竞技水平。

此外，在虚拟现实领域，高帧频技术同样发挥着不可或缺的作用。利用高帧频技术，可以有效减少使用者在体验虚拟环境时的晕动和不适感，增强沉浸感。例如，Oculus Rift和HTC Vive等主流虚拟现实头显设备，均采用90fps及以上的高帧频来呈现虚拟环境，让使用者能够更加自然、舒适地移动和交互。

帧频率的选择对于不同的应用场景具有显著的影响（见表2-7）。因此，在进行数字影像的导入和输出操作时，制作者必须充分了解并遵循拍摄设备和播放设备的基本设置要求，从而确保帧频率的合理选择和配置，以最大化影像质量和保证兼容性。

表 2-7　常见帧频率及应用场景

帧频率	应用场景
24fps	电影、电视剧、视频广告
25fps	PAL 制式、欧洲广播电视标准
30fps	视频、NTSC 制式、美国广播电视标准
50fps	电视广播、电视剧、体育直播
60fps	电子游戏、体育直播、动作影片
120fps	慢动作拍摄、体育竞技高速动作
240fps	超慢动作拍摄、特效制作
480fps	极慢动作拍摄、实验性影片制作
1000fps	高速摄影、科学实验、特殊效果制作

第四节　数字摄影与曝光

无论是"传统型"还是"数字型"，影像的本质都是基于人眼与大脑对光的感知而生成的。因此，我们可以说，影像是"光"的产物。在物理学中，光被定义为一种电磁波，其特性常用波长来描述，波长的计量单位是纳米（10^{-9} 米）。通过精确地控制光线的照射和遮挡，我们可以创造出多样化的影像效果，这一过程被称为曝光。

一、曝光

在数字摄影领域，曝光（Exposure）是一个至关重要的概念，它指对光线进入摄像机进行控制的过程与方法。与胶片摄影类似，数字摄影中的曝光也是通过镜头汇聚光线，并让光线进入图像传感器，进而记录下光与影的信息。这个过程直接影响到最终图像的亮度（Brightness）、对比度（Contrast）和色彩饱和度（Color Saturation）。一般来说，在摄影过程中，若被摄对象和环境条件保持不变，摄影师可以通过调整光圈、快门速度和感光度这三种主要参数来控制曝光。

二、光圈

光圈（Aperture），又被称为光孔，是相机镜头内部用于调控光线量的关键部件，其作用方式有点类似于"阀门"。光圈的大小通常以光圈值或挡位作为衡量标准。当光圈的开口增大时，单位时间内通过镜头的光线量会相应增加。为了更好地理解这一概念，我们可以将这一现象与通过水龙头控制水流大小进行类比。如图2-6所示，当水龙头的水流开得更大时（光圈更大），填满相同容量的水杯（达到所需的光线总量）所需的时间就越短。

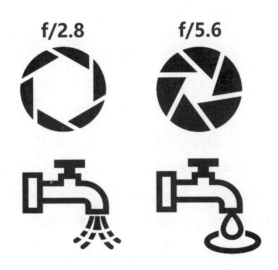

图 2-6　光圈大（左图）与小（右图）的比较示意图

（一）光圈值

光圈的大小以光圈值"f"来表示，该值由焦距F与入瞳直径D的比值确定（f=F/D）。然而，需要注意的是，f的数值与实际光圈大小之间存在反比关系：f值越小，表示光圈越大，进光量越多；相反，f值越大，则光圈越小，进光量越少（见图2-6）。

在实际摄影操作中，光圈大小的调节主要参考f数值的标准。f值序列共包含13个等级（见表2-8），每一级光圈系数与前一级相比，都是2的平方根倍，这导致相邻两挡之间的光线透过量存在一倍之差。例如，f/5.6的光圈透过量是f/8的2倍。f数值的大小变化直接反映了光圈的大小变化，这种关系对于摄影师在拍摄时精确控制曝光和景深至关重要。

表2-8　常见光圈值（f）列表

f值	1	1.4	2	2.8	4	5.6	8	11	16	22	32	55	64
光圈大小	光圈大━━━━━━━→光圈小												

（二）光圈与景深

光圈的大小还与数字影像表现中的另一重要特征"景深"（Depth of Field，简称DOF）紧密相关。景深描述的是在实际像平面（通常指被摄对象的对焦平面）上，能够获得相对清晰影像的景物空间深度范围。

摄影时，我们会将相机的焦点精确地对准被摄对象，这一操作类似于人眼在观察某一特定事物时的聚焦状态。在此状态下，只有对焦平面上的物体才能够呈现出最清晰的影像。而位于该平面前后纵深方向的物体则会呈现出一定程度的模糊效果。如图2-7所示，物体距离对焦平面的远近与其清晰度成反比，距离越远，清晰度越低，这在一定程度上类似于注意力分散所带来的视觉效果。

图 2-7　对焦点与景深效果图示

　　在相同曝光量下，光圈大小的变化会导致景深范围的不同。具体而言，光圈越小，景深越深，清晰的范围也就越大。相反，光圈越大，景深越浅，清晰的范围则会越小（见图2-8）。

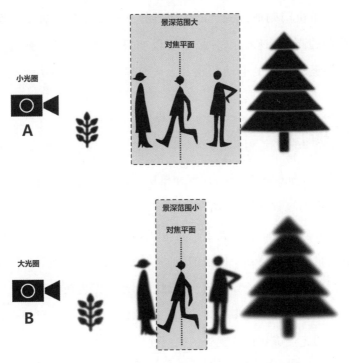

图 2-8　光圈小（上图）与光圈大（下图）的景深效果图示

在拍摄动态影像时，存在许多可变因素，这些都需要根据现场实际情况进行灵活应对。为了获得理想的影像效果，摄影师需要运用各种手段进行调整和优化。

三、快门

数字摄影机在拍摄过程中，需通过快门（Shutter）这一关键组件来接收光线。快门扮演着允许光线进入并写入传感器的"通道开关"角色。只有在快门开启的状态下，摄影机才能进行拍摄与录制等工作，从而生成所需的影像信息。目前，现代数字摄影机或相机所采用的快门主要可分为两大类型：机械快门与电子快门。

机械快门依赖于物理叶片的运动来打开和关闭，从而控制光线的进入。而电子快门则通过先进的传感器技术和像素信号控制，实现了无须物理移动的高速响应。这种技术不仅加快了快门的开启速度，还有效减少了机械运动带来的振动和噪音，从而提升了摄影的稳定性和画质清晰度。

（一）快门速度

快门速度（Shutter Speed），即相机快门开启的时间长度，用以描述在记录一帧图像的过程中感光元件对于光线的暴露时间，即曝光时间。快门速度通常以分数的形式进行表达，例如1/200秒、1/1000秒等。较快的快门速度意味着光线在传感器上停留的时间较短，从而捕捉到的光线较少，导致图像显得较暗。相反，较慢的快门速度则允许光线在传感器上停留更长时间，因此能够捕捉到更多的光线，使图像显得较亮。快门开启的时间与到达传感器的光量成正比。此外，快门速度亦关联着快门叶片板开启与关闭的具体速率，同时帧频率也会对其产生影响。

（二）叶片板开口角度

叶片板开口角度（Shutter Angle），是指在摄影中快门打开的角度，是摄影中用以描述快门开启程度的参数。此角度直接决定了快门开启的持续时间，即快门速度，进而影响了每帧画面的曝光时长。因此，快门角度的调整对于最终影像的呈现效果具有重要的影响。

这个过程可形象地比喻为"开关门"动作（见图2-9）。具体来说，当打开角度较小时，允许通过的光线量、传感器接收到的光量减少，从而触发较短的曝光时间。这样的设置会使得动作表现更为清晰，但可能导致影像整体偏暗。相反，若打开角度较大，则会延长曝光时间，使得动态物体呈现出模糊效果（拖影），但整体画面亮度会增加。在实际应用中，常见的开口角度有180度（对应1/48秒）和360度（对应1/24秒）等。

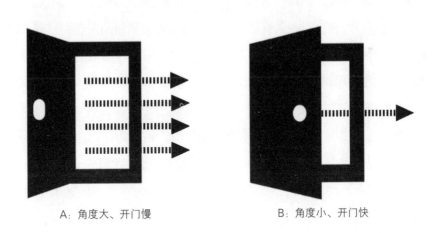

A：角度大、开门慢　　　　　　　　B：角度小、开门快

图2-9　以开关门为例，角度大（左图）与角度小（右图）的区别效果图示

目前，许多常用的数字摄影设备（尤其以电子快门型设备为主），普遍采取直接调控快门速度的方式来实现曝光时间的调整，而非依赖于开口角度的变化。具体来说，"开口角度较小对应较慢的快门速度"，"开口较

大对应较快的快门速度"。快门速度影响了每帧图像的曝光时间，从而决定了图像的明暗程度。因此，摄影者在操作这类设备时，应充分理解快门速度与曝光时间、图像明暗之间的内在联系，以便更好地掌握拍摄技巧，实现预期的拍摄效果。

（三）帧频率与曝光

经过前文的阐述，我们已明确动态影像的帧频率（fps）对影像拍摄与播放速度具有决定性作用，它决定了每秒所呈现的画面数量，进而影响了影像的流畅性和运动真实感。

在拍摄动态影像的过程中，摄影机的帧频率选择对单个帧（画面）的曝光时间具有显著影响。当以相对较低的帧频率，例如选用30fps进行拍摄时，每个画面将获得更多的曝光时间。相反，若选择较高的帧频率，如选用120fps进行拍摄，则每个画面的曝光时间将会相应缩短。

叶片板开口角度、帧频率与快门速度之间存在紧密的关联，三者共同影响着影像画面的明暗、流畅度和动态效果。通过对这些参数的精细调控与合理组合，摄影师和导演能够创造出多样化的效果，以满足其独特的表达需求。

在拍摄数字影像的过程中，为确保影像质量，需妥善协调相关参数。举例来说，如使用25fps的帧频率进行拍摄时，适宜的快门速度通常为1/50秒；而若提高帧频率至60fps，则常用的快门速度应调整为1/120秒。这样的组合可以在不同的情况下保持适当的曝光，同时在不同帧频率下达到适当的画面效果。

四、感光度

感光度是相机或传感器对光线敏感程度的量化参数，通常以ISO值来表示，用于描述摄像机和传感器整体灵敏度的等级。通过调整感光度，摄影师可以在不同光线条件下获得理想的拍摄效果。

（一）ISO标准

ISO，即国际标准化组织（International Standards Organization）的缩写，是一个源自特定公式的术语，用于描述对光线的敏感度。根据此公式，ISO的数值越大，对光线的敏感度越高。例如，ISO 800在光线敏感度上超过了ISO 100。设备能达到的ISO等级主要受到传感器、信号处理器、电路等组件性能水平等方面的影响。

在摄影中，高感光度（ISO）的设定使得相机能在较短的曝光时间内捕获到足够的光线。以图2-10为例，我们可以将图中的小人视为需要通过的光线总量。当门框足够宽敞（ISO值设置得较高）时，小人（光线）便能在更短的时间内顺利通过（快门速度可以更快）。相反，如果门框狭窄（ISO值设置得较低），则需要为光线通过留出更充足的时间（需要更慢的快门速度）。因此，在保持其他摄影条件不变的情况下，提高感光度可以使我们采用更快的快门速度，从而在拍摄快速移动的物体时有效减少运动模糊。

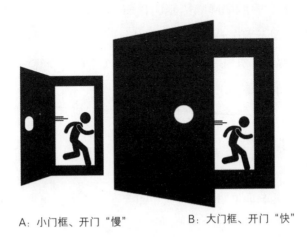

A：小门框、开门"慢"　　　B：大门框、开门"快"

图2-10　以小人（光线）通过门框（曝光）为例，门框小（A）与大（B）的区别效果图示

（二）感光度与噪点

在光照不足的环境下，为获取曝光准确的影像，通常需提高ISO设置。然而，此举亦可能加剧图像噪点（Noise）问题，即在暗部或高光区域出现不必要的颗粒状伪像，进而影响图像整体质量。对于视频拍摄而言，提高ISO亦可能引发更多的视频噪波，影响观感。

为了避免噪点或噪波的出现，可以通过前期和后期两种方式解决问题。

1.前期

在摄影过程中，需要保证拍摄现场的光线条件充足。为了确保图像质量和清晰度，通常推荐使用较低的ISO设置。若光圈和快门速度需保持恒定，摄影师可考虑采用辅助光源以补充现场光线，或通过适当调整曝光补偿来平衡曝光。另外，选择配备更大面积传感器的高级摄影设备，能有效提升其对光线的捕捉能力，从而优化拍摄效果。

2.后期

在面对前期调整效果不尽如人意，或是在处理已完成拍摄的影像时，我们可采取适当的后期降噪措施。目前市面上主流的后期制作软件，包括Adobe Photoshop和Lightroom等静态影像处理工具，以及DaVinci和Neat Video插件等动态影像处理软件，都配备了丰富的降噪算法和工具，以满足不同影像效果的调整需求。

五、测量

曝光不仅是画面"暗"或"亮"的要素，还会影响到影像的诸多方面。比如，曝光不足会使画面产生噪波，曝光过度则会导致"切割"（高光细节丢失且无法恢复），且二者都将使色彩的饱和度降低。尤其是在数字高清的拍摄要求下，也需要注意避免曝光过度。

　　要确保数字影像获得正确的曝光，必须全面考虑光圈大小、快门速度、传感器感光度和环境光线条件等因素。在条件允许的情况下，也可以对被摄对象、拍摄环境进行合理的测量，辅助创作者判断具体的执行策略。其中，斑马纹、直方图、示波器都是用于监控和调整曝光的常用工具。它们有助于摄影师监控和调整曝光，确保图像的亮度和对比度在适当范围内，以获得最佳的图像质量。

（一）斑马纹

　　斑马纹（Zebra Stripes）是一种在摄像机或显示器上显示的辅助线条，通常以高亮条状纹路的形式出现在亮度过高（曝光过度）的区域上。这一辅助工具的主要作用在于协助摄影师辨识图像中可能丧失细节的明亮部分。通过适当调整曝光度，摄影师可以有效地减少斑马纹的出现，从而保证图像中的重要细节不会因过度曝光而丢失。

（二）直方图

　　直方图（Histogram）是一种视觉工具，用以描绘图像中各个亮度级别像素的数量分布，进而呈现出图像的整体亮度状况。对于摄影师而言，直方图提供了一种便捷的方式来评估图像的曝光情况。若直方图显示均匀分布，则表明图像的亮度跨度广泛；若直方图明显偏向左侧或右侧，则可能暗示图像存在曝光不足或过度曝光的问题。摄影师可以依据直方图提供的信息，对曝光进行相应的调整，以达到预期的视觉效果。

（三）示波器

　　示波器（Waveform Monitor）是一种较为专业的监视工具，主要以波形图的形式展示图像的亮度分布情况。创作者可以通过监测波形并观察视频信号的振幅，明确信号亮度（Luminance）或图像亮度（Picture Brightness），振幅的高低直接反映亮度的强弱。这一工具在影视制作、图像处理等领域具有广泛的应用价值。

与斑马纹与直方图相比，波形图具有更高的精确性，能够提供更为准确的反馈信息。示波器不仅可以显示亮度（通常以Y表示），更能同时展现色度（通常以C表示）分量。此外，为了更精确地测量色彩信号，还可以使用专用于测量色彩信号的矢量仪（Vectorscope）。大多数专业色彩校正应用程序均配备波形和矢量图软件（见图2-11），以便在制作过程中实时监测影像画面，防止丢失细节或出现过度曝光。这种技术帮助创作者更加放松地专注于影像画面的处理，从而提升工作效率和创作质量。

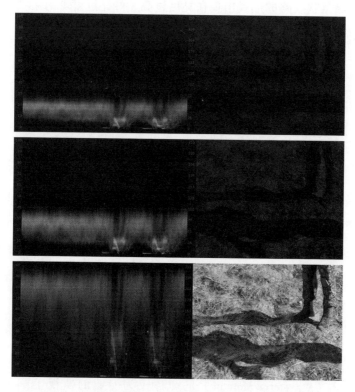

图2-11　后期软件中以波形图方式显示视频信号的
振幅（左图），对画面亮度信息（右图）进行反馈

第五节　数字色彩控制

在数字技术与显示设备不断革新的背景下，现有的各类数字影像已能展现相当丰富的色彩信息。数字色彩涵盖了色彩空间、颜色编码以及颜色的显示与还原等多个方面。只有当曝光正确时，数字影像的色彩才会被充分、准确地呈现。

一、认知光与色彩

光，作为电磁波的一种表现形式，与人类的视觉系统相互作用，从而引发我们对色彩的感知。具体而言，当光的波长较长时，对应颜色会偏向红色；而当光的波长较短时，对应的颜色就越偏向蓝色。

（一）人眼对色彩的感知

人眼感知色彩主要依赖于锥体细胞（Cone）的作用，是一种需要在光线充足的情况下才能清晰辨别颜色的视觉过程，即明视觉（Photopic）。

人眼内存在三种锥体细胞，它们分别对特定波长范围的光线具有敏感性，这些波长对应于红、绿、蓝三种颜色。随后，视网膜中的受体细胞能够感知这些原色光的不同混合比例，并将相关信号传输至大脑。大脑根据接收到的信号，能够辨识出丰富多样的色彩。这一过程与摄影领域中光学传感器的运作原理颇为相似。

（二）色彩相关理论

艾萨克·牛顿（Isaac Newton）被公认为色彩理论的奠基人。在17世纪中叶，他利用三棱镜将白光"分解"为彩虹光谱，从而揭示了光是由不同波长的光波组成，且不同波长的光呈现出不同的颜色。基于这一发现，牛顿进一步提出了"色环"的理念，通过将光谱重新组合成一个圆环，清晰地展示了各种颜色之间的相互关系。这一理论为后来的色彩理论研究提供了重要的基础，推动了三原色理论和色彩空间等概念的发展。

自1801年托马斯·杨（Thomas Young）依据"光的加色混合原理"提出三原色理论（RGB）以来，色彩相关理论和应用领域不断得到深化与拓展。

在实际应用过程中，我们还应了解如色相、饱和度和明度等色彩的基本常识。

1.色相

色相（Hue），有时也被称作色调，是构成色彩的基本属性之一，它具体指代色彩的基本类别，如红色、黄色等。在标准的色相环中，通常会包含12个基础色相，这些色相在360度的色轮上均匀分布，彼此间呈30度角。

2.饱和度

饱和度（Saturation），即色彩的纯度和鲜艳程度，其量化数值在数字影像处理中通常设定为0—100%。数值越高，色彩越鲜艳；数值越低，色彩则逐渐失去鲜艳度，越趋于灰色。

3.明度

明度（Value），亦被称作亮度或明亮度（Luminance/Lightness/Brightness），用于表示色彩的明亮程度。在数字影像处理领域，明度通常以0—100%的量化数值进行表示。

在科学技术的不断演进和计算机图形学的日益发展中，20世纪中期之后的现代色彩理论已经得到了显著的深化。其涵盖的领域广泛，从光的物理性质到人类的视觉感知，无所不包。这一理论体系包括诸如CIE色度图，颜色空间（RGB、CMYK、Lab等），并探讨了颜色管理及其实际应用的方式等方面。

（三）色彩空间

色彩空间（Color Space）是一种用于描述和表示颜色的数学模型与坐标系统，它将颜色映射到多维空间中的坐标值，用以精确描述与表示色彩。目前，业界存在多种主流色彩空间，其中包括RGB（加色模式）、CMYK（减色模式，广泛应用于印刷行业）、YUV（亮度与色度分离，常用于视频编码传输）、HSV（色相、饱和度与明度模型）等（见表2-9）。在数字影像处理中，常常需要将图像从一个色彩空间转换为另一个色彩空间，以适应不同的输出设备或色彩标准。通过色彩空间转换，可以使图像在不同设备上的显示效果保持高度一致。

表 2-9　数字影像领域的常见色彩空间模型

色彩理论	发明背景	作用原理	应用领域
三原色理论（RGB）	1801年由托马斯·杨提出，1931年CIE RGB色彩空间提出	基于加色混合原理，利用红、绿、蓝三种原色光的不同强度混合以产生各种颜色	数字图像处理、显示技术、计算机图形学
四原色理论（CMYK）	20世纪初，印刷技术发展	颜色通过吸收光来形成，四原色分别为青色（C）、品红色（M）、黄色（Y）、黑色（K）	印刷、出版、图形设计
亮度—色度理论（YUV）	20世纪初，彩色电视技术的需求	将颜色信息与亮度信息分离，提高了广播效率	视频压缩、电视广播、视频编辑、摄像技术

色彩理论	发明背景	作用原理	应用领域
Lab 色彩空间	色彩标准化的需求。1948 年由理查·亨特（Richard S. Hunter）提出	无关设备的色彩模型，包括明度（L）和两个色度分量（a 和 b），用于颜色测量和标准化	图像处理、打印、色彩校正、标准化
HSV/HSB 色彩模型	20 世纪 70 年代，是基于 RGB 的变换，更直观地描述颜色。由阿尔维·雷·史密斯（Alvy Ray Smith）提出	将颜色描述为色相（H）、饱和度（S）和亮度 / 亮度（Value/Brightness）	图形设计、图像编辑、艺术
HSL 色彩模型	20 世纪 70 年代，是基于 RGB 的变换，更直观地描述颜色	通过色相（H）、饱和度（S）、亮度（Luminance）三个属性来描述颜色	图像处理、图形设计、计算机图形学、艺术
CIELab 和 CIELCH 色彩空间	20 世纪 70 年代，色彩科学研究的需求	坐标为 L*a*b*，无关设备的色彩模型，用于颜色测量和标准化	颜色测量、标准化、医学成像、颜色科学

二、常用颜色模型

RGB 色彩模型，亦被称为三原色光模式或红绿蓝色彩模型，是一种基于"加色"原理的色彩表示方法。在当前的数字影像领域中，RGB 色彩模型的应用最为常见。此外，HSL 和 HSV 色彩模型则是通过将 RGB 色彩模型中的点映射到圆柱坐标系中的方式，提供了一种直观的色彩表示方法。其中，HSL（Hue, Saturation, Lightness）代表色相、饱和度和亮度这三个维度，而 HSV/B（Hue, Saturation, Value/Brightness）则代表色相、饱和度和明度 / 亮度这三个维度（见图 2-12）。

图 2-12　Photoshop 软件的"取色器"中显示了 RGB、HSB、CMYK 等模型的参数

（一）加色原理

在光学环境下，将红色、绿色和蓝色这三种原色光进行混合的方式，被称为加色原理。相较而言，减色原理多应用于颜料相关领域，如绘画、印刷和色彩滤镜等。与减色原理不同，加色原理则应用于如显示屏和数字成像技术等光学领域。根据加色原理，当红、绿、蓝三种原色光以等比例混合时，将产生白色光；而当所有色彩的光值均为0时，则呈现为黑色。

（二）RGB 颜色模型

在数字化环境中，屏幕、显示器与数字影像处理等多个环节，均依赖于"红、绿、蓝"三种原色光的叠加以呈现出各式各样的色彩。计算机体系中的RGB三原色，具体指的是红色（Red）、绿色（Green）与蓝色（Blue）。

此种色彩模型以加色原理为基础，通过调整红、绿、蓝三个分量的不同叠加程度，可生成无数种色彩。此外，RGB信号亦被多种数字摄影图像传感器所采用，作为其主要的信息处理模式，展现出优秀的颜色深度与分辨率。

在RGB颜色模型中，每个像素的色彩由红色、绿色和蓝色三个组成部分的数值来描述。这三个颜色通道的数值均设定在0至255的范围之间，其中数值0意味着该通道没有贡献任何颜色分量，而数值255则表示该通道的贡献达到了最大值。举例来说，纯红色的RGB数值组合为（255，0，0），这表示红色通道的强度达到了最大，而绿色和蓝色通道的强度则为0（见图2-13）。

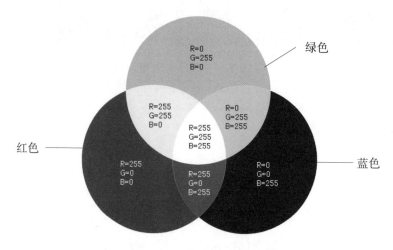

图 2-13　RGB 颜色模型及数据示意图

（三）色彩深度

色彩深度（Color Depth），亦称为颜色编码，是指将颜色信息转换为数字形式的过程。此过程详细规定了每个颜色通道的位数，进而决定了颜色的表达精度。

常见的颜色编码方式包括8位（256色）、24位（真彩色）和32位（真彩色结合透明度通道）等。随着位数的递增，所能够表达的颜色细节与灰度级别亦随之增多，进而提升了色彩的精确度和细腻程度。不同的颜色编码方式适用于不同的应用场景，如高位数编码常用于专业图像处理和影视制作，而低位数编码则适用于一般的图像显示和互联网传输。色彩深度的调整不仅存在于数字影像处理的过程中，也同样存在于影像信号采样的过程中。具体细节可参照前文"信号采样与信号转换"中有关位深度、色度采样的部分。

三、色彩校正处理

色彩校正（Color Correction），即对影像画面展开曝光、色再现及伽马处理的一系列流程。这一过程能够逐镜头、逐帧地对画面进行调整，确保其色彩展现的精确性、自然性以及与创作初衷的高度契合。在数字影像领域中，由于各类设备、环境及显示器的特性差异，图像色彩可能会出现偏差或失真。因此，对其进行精确校正，便成为影像处理工作中不可或缺的关键环节。

（一）色彩校正的实施

在数字影像领域，色彩的控制主要发生在两个阶段。第一阶段是在拍摄过程中，通过调节拍摄环境的条件以及摄影机的曝光等参数来实现。第二阶段则是在计算机环境下进行影像的后期处理与编辑，这一阶段同样涉及对色彩的精细调控。这两个阶段共同构成了数字影像色彩控制的主要流程。

色彩校正作为后期制作的重要环节，能够有效解决因摄影条件、设备差异及显示环境等因素导致的色彩偏差或失衡问题。此过程包含两个层次：一级校色（Primary Color Correction）和二级校色（Secondary Color Correction）。一级校色着眼于整体影像的调整，致力于优化基本的色彩平衡与曝光效果；而二级校色则更为精细和专业，它能够对图像的特定部分进行深入的调整，以达到更高层次的视觉效果。

在具体的色彩校正环节中，可以通过调整图像的色调、饱和度、亮度、对比度等参数，以及修正颜色偏移和色温等问题，使得图像色彩能够更真实、准确地呈现。具体包括白平衡校正（White Balance Correction）、颜色空间转换（Color Space Conversion）、去色偏校正（Color Cast Correction）局部调整（Selective Color Correction）等。

（二）色彩校正工具

色彩校正工具（Color Grading），是专用于对图像色彩进行精确调整与校正的软件。它能对影像的整体色彩平衡、对比度和饱和度进行细致的调整，常见于如Adobe Photoshop和DaVinci Resolve等专业的图像处理软件中。这些软件配备了丰富的色彩校正工具和选项，使创作者能够根据需求实现特定的色彩效果，比如通过调整阴影、高光、中间调以及色彩曲线等参数来优化图像色彩（见表2-10）。

表2-10　数字影像领域常见的色彩空间模型

调整选项	作用
色相（Hue）	调整整体图像或特定颜色通道的色相，改变颜色的色调（相位）
饱和度（Saturation）	增加或减少颜色的鲜艳度，影响颜色的强度和饱和度
亮度（Brightness）	调整图像的整体亮度，使图像变亮或变暗
对比度（Contrast）	增加或减少图像中不同亮度级别之间的差异，以提高图像的清晰度和细节

续表

调整选项	作用
色阶（Levels）	调整图像的亮度范围，包括黑点、中点和白点，以更精细地控制图像的亮暗部分
曲线（Curves）	提供灵活的曲线调整功能，允许用户精确控制图像中每个亮度级别的对比度和亮度
色彩平衡（Color Balance）	分别调整图像的阴影、中间调和高光中的色彩平衡，以校正色温或调整图像的整体色彩
色温（White Balance）	校正图像中的色温，以消除色彩偏移，例如在不同光源下的色彩问题
色彩分离（Channel Mixer）	单独控制不同颜色通道的强度和饱和度，以创建特定色彩效果
色相/饱和度映射（Hue/Saturation Mapping）	在特定颜色范围内对色相和饱和度进行映射，以改变特定颜色的外观
LUT（查找表）	使用预先定义的颜色查找表或自定义的 LUT，将颜色映射到不同的色彩风格或外观
色彩替换（Color Replacement）	选择并替换图像中的特定颜色，以更改物体的颜色或执行色彩特效
高级蒙版（Advanced Masking）	创建复杂的遮罩，允许精确选择要调整的图像区域，以实现局部色彩校正

（三）白平衡校正

白平衡校正是最常见的色彩校正方法之一。该技术主要用于调整图像中的色温，旨在确保白色物体在图像中呈现为纯白色，避免其偏向蓝色（冷色调）或橙色（暖色调）。通过实施白平衡校正，可以显著提高图像的色彩准确性和视觉效果。

1.色温

色温（Color Temperature）是描述光源色彩属性的物理量，其量化标准以绝对温度单位，即开尔文（Kelvin，简称K）来表示。色温的核心意义在于揭示光源所释放光线的颜色特性，亦即光的色调。它通常与绝对黑体（指一种理想化的物体，能完全吸收所有入射的光线）的辐射光谱特性形成对应关系。

不同类型的光源对应着不同的色温，在实际应用中，色温通常是描述光源色调的关键指标。从低色温对应的暖色调（波长较长，如黄色和橙色）到高色温对应的冷色调（波长较短，如蓝色和白色），色温的变化直接影响着环境的氛围。低色温的暖色调光源，能够营造出温暖、舒适的氛围，给人以亲切和温馨的感觉；而高色温的冷色调光源，则营造出清新、冷静的氛围，使人感到清爽和专注（见表2-11）。

表 2-11 常见色温范围及应用

色温范围（开尔文）	光源参考	色彩效果参考	应用效果参考	范围及效果
1500K—1900K	蜡烛	暖黄色、柔和的光线	烛光晚餐、温馨场景	< 3500K 温暖（带红的白色）、气氛稳重
2000K	拂晓/傍晚太阳光	暖橙色	独特的氛围、创造特殊感觉	
2600K	烛光	暖黄色	家庭、氛围照明	
3200K	白炽灯（钨丝灯）	暖白色	家庭、舞台、摄影	
3500K—4500K	日光灯	中性白色，略暖	学校、办公室、商业场所照明	3500K—5000K 中间（白）、气氛爽朗

续表

色温范围 （开尔文）	光源参考	色彩效果参考	应用效果参考	范围及效果
4000K—5000K	荧光灯	中性白色	商业场所、摄影	3500K—5000K 中间（白）、气氛 爽朗
4800K	中午阳光	中性白色	室内、自然 光、摄影	
5600K	平均日光	中性白色，略 带蓝调	自然光线、摄影	>5000K 清凉（带蓝的白 色）、气氛偏冷
6000K—7000K	阴天光	略带蓝色	自然光线、户 外摄影	
10000K—20000K	蓝天光	青蓝色	晴朗天空、特 殊氛围、夜景 照明	

在数字影像处理中，色温是一项关键参数，它能够显著影响图像的整体色调和氛围营造。具体而言，当色温值超过 5000K 时，图像通常呈现出一种"冷色"效果，偏向蓝色调；色温值位于 3500K—5000K 之间时，则被认为是"中性色"；而当色温值较低，处于 2700K—3500K 范围内时，图像会呈现出一种"暖色"效果，偏向黄色或红色调。

2. 校正方式

对白平衡进行调整是数字影像处理中的重要思路之一，其目的是校正颜色偏差，以确保不同光源下拍摄的白色在图像中看起来真实无偏色，不受色温影响。

调节白平衡首先存在于前期摄影过程中。目前常见的摄影设备（包括手机摄影）中都有提前预置的白平衡选项，以适应不同的拍摄环境、创作需求，如选择自动白平衡（Auto White Balance，简称 AWB），可通过检测场景中的光源类型并自动调整图像的色彩来实现；还可以选择"日光、白炽灯、阴天"等预设白平衡（Preset White Balance）模式或通过手动调节来进行设置。此外，创作者也可以依赖一些专业的后期工具软件进行白平衡调整，以校正拍摄时可能出现的颜色偏差。

在色彩校正软件中，创作者可以通过调整白平衡实现对色温的精确控制。这种调整有助于改变影像的颜色表现，使其更好地符合特定的主题、情感或环境需求。通过灵活运用相应功能，摄影师和后期制作人员能够在数字影像中创造出丰富多样的视觉效果。

第三章　数字影像类型解析

本章导读

在各类应用领域中，数字影像所蕴含的核心理念、类型应用以及发展脉络，均具备了各自不同的特征，总体呈现出了多元化的发展态势。本章将重点介绍以下五大典型的数字影像类型，即动画、非虚构类影像、剧情类影像、数字影像广告及交互式影像，逐一解析其基本概念与特征，并追溯其历史发展脉络，旨在帮助读者全面了解这些数字影像类型的主要内涵和应用领域，也为后续的创作流程板块奠定理论基础。

第一节 动画 *

在19世纪晚期到20世纪初，动画制作的相关概念随着电影和摄影技术的发展而逐渐成形。中文的"动画"一词是从日语的"アニメーション"及"アニメ"（Anime）借鉴而来，其词汇实际上来源于英语"Animation"，意为"赋予生命力的方式"，即通过艺术加工和处理，使原本不具备生命的静态事物（如绘画、剪纸、玩偶、符号等），转变为具有生命力和个性的，并能活动的影像。

动画可以通过多种方式呈现，主要包括平面动画、数字动画和立体动画。其原理是通过快速连续播放一系列图像，使观众感知到图像的连续运动，从而创造出虚拟的动态效果。如今，动画作为一种独特的语言方式，已在电影、电视、互联网和其他媒介中广泛应用，成为现代视觉文化的重要体现。

一、动画的发展阶段

（一）重要历史节点

早在2.5万年前的石器时代，阿尔塔米拉洞窟的壁画《受伤的野牛》已经揭示人类尝试利用石块等原始工具描绘（捕捉）动态，并通过绘画技艺对图像进行保存。动画艺术的发展历程总体可分为三个阶段：启蒙时期、成像技术时期及电影动画技术时期。在此期间的重要节点（见表3-1）

---

* 本节资料整理：杨舒涵。

反映了动画艺术从朦胧的"动画意识"到形成"动画思维"，再到有针对性地运用相应技术与技法进行创作的演变过程。

表3-1　世界动画艺术发展史中的重要节点

阿尔塔米拉洞窟壁画《受伤的野牛》，人类尝试"捕捉"动作（约2.5万年前）	意识萌发
"舞蹈纹彩陶盆"是我国先民试图表现人物连续运动最早的动画形式（约4000—5000年前）	初次尝试
1833年比利时科学家约瑟夫·普拉托发明"诡盘"，探索电影放映与摄制原理	技术初探
1834年英国人霍尔纳发明"走马盘"，展现活动影像雏形	影像雏形
1888年法国人雷诺创造"光学影戏机"，开始尝试近代动画技术	动画初创
1900年美国人布莱克的作品《迷人的图画》，展现动画的雏形	动画雏形
1902年乔治·梅里爱影片的创作实践为动画提供技术基础	技术基础
1914年美国人麦凯创作电影史上第一部真正的剧情动画影片《恐龙葛蒂》	创作尝试
1914年前后，约翰·伦道夫·布雷和艾尔·霍德，建立动画片基本拍摄标准方法	基本方法
1914年艾尔·霍德发明赛璐珞（Celluloid）胶片（也称明片）以取代动画纸，奠定大规模动画制作基础	产业拓展

（二）中国动画的发展

我国动画艺术的发展历程可分为三个阶段：启蒙阶段（1945年前）、中期发展阶段（20世纪40年代至20世纪90年代）以及动画新时代（20世纪90年代至今）。

1.启蒙阶段

我国动画产业在20世纪50年代以前进行了初步探索。在这一时期，杰出创作者如万籁鸣、万古蟾、万成超等人在充分发挥传统美术资源的优势下，开创了二维动画的先河，孕育出一批具有深远意义且富有代表性的优秀作品（见图3-1）。其中包括《舒振东华文打字机》（1922）《大闹画室》（1926）、《骆驼献舞》（1935）、《铁扇公主》（1941）等动画影片，它们为我国动画的艺术风格奠定了美学基础。

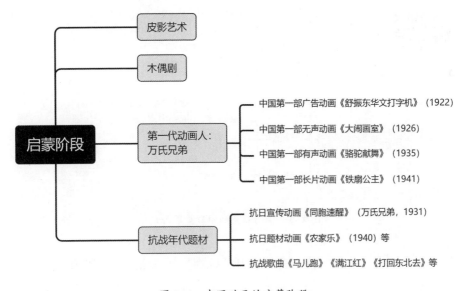

图 3-1　中国动画的启蒙阶段

2.中期发展阶段

中国动画的中期发展阶段可划分为三个时期，依次为：1946—1965年的初步繁荣时期、1966—1976年的低谷时期、1977—1989年的发展与成熟时期（见图3-2）。在此期间，东北电影制片厂（1946）、延安电影制片厂（1946）、上海电影制片厂美术片组（1950）等各大专业制片机构纷纷崛起，以此为基础，各自衍生出更为丰富的动画风格。

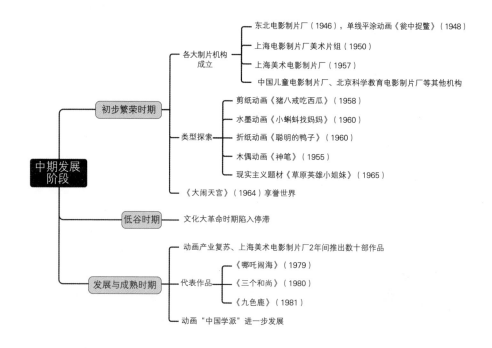

图 3-2　中国动画的中期发展阶段

在1956年，上海电影制片厂召开会议初步通过将重组升级为上海电影制片公司，并新设三个专注于不同领域的故事片厂。紧随其后的1957年，上海美术电影制片厂正式成立。这家制片厂依托其强大的制作团队、丰富多彩的动画影片类型，以及借鉴苏联先进的动画技术和经验，创作出一系列在国内外广受赞誉的动画作品，有效地提升了中国动画在全球范围内的声望和影响力。其中，《小蝌蚪找妈妈》（1960）、《乌鸦为什么是黑的》（1955）、《骄傲的将军》（1956）等都是其在初创时期前后的代表性作品。

动画产业在20世纪40年代至60年代取得了显著的发展，然而，在"文化大革命"时期，其发展势头受到一定程度的抑制。随着社会动荡的结束，动画制作技术及人才培育逐渐得以恢复，从而推动动画产业逐步走出低谷，重现生机。

3.动画新时代

自20世纪90年代以来，中国动画进入了"新时代"。在这个阶段，我国动画制作公司数量不断增长，动画教育也逐渐受到关注。北京、上海、吉林等城市的高校相继设立动画专业，积极引进新型动画制作技术以及国外优秀作品。与此同时，国内动画硬件设备和软件合成技术亦取得了进步。这些因素共同为我国动画产业的转型升级提供了有力支持。

自2015年起，我国动画产业步入了蓬勃发展的"蓄力期"，取得了诸多显著成果。在此期间，涌现出大量与我国传统文化紧密相连的优质动画作品。在表现手法上，三维动画异军突起，为我国动画的多元化发展注入了新的活力。自从2006年我国首部三维动画电影《魔比斯环》问世以来，中国三维动画已从模仿西方技术的发展阶段，迈向了具备丰富题材自主研发能力、能够运用三维动画讲述"中国故事"的新时期。

在这一阶段，如动画电影《西游记之大圣归来》（2015）、《白蛇：缘起》（2019）、《哪吒之魔童降世》（2019）、《长安三万里》（2023）等作品备受关注。这些作品在视觉呈现方面取得了重大突破，具体体现为能够巧妙运用中式造型元素，在场景构建、角色表演设计上展现出独特的文化特色，同时在题材开发与叙事创作中展示了将我国传统文化"动画化"的巨大潜力。

二、传统类型的动画制作

动画创作可划分为三大基本类别：传统手绘动画、数字动画以及立体动画。其中，传统手绘动画与立体动画发展时间较久，在数字影像诞生之前已经出现，因此一般被归为传统动画制作范畴。

（一）传统手绘动画

传统手绘动画，通常是指动画师在纸（包括传统动画用纸及透明纸等）

上绘制，用胶片逐帧拍摄制作成动画的过程。最具代表性的制作环节为赛璐珞流程，即动画线稿完成后，在特制的赛璐珞胶片上遵循线稿进行上色，最终形成动画的过程（见图3-3）。该技术源自美国，并在日本等国家得到进一步推广。我国经典动画作品《大闹天宫》（1964），美国动画《猫和老鼠》（1940），以及日本动画《风之谷》（1984）等，均为传统手绘动画的典范。然而，由于制作工艺复杂、耗时较长，随着技术软件的不断发展，这种制作工艺逐渐被数字动画所替代。

图3-3　以赛璐珞动画流程制作的传统手绘动画

在我国，水墨动画堪称最具有代表性的传统手绘动画制作风格之一。此类动画一般在背景设计中以中国水墨画风格呈现，同时角色的创作遵循赛璐珞动画的制作流程。我国首部水墨动画作品为1960年由上海美术电影制片厂出品的《小蝌蚪找妈妈》。

（二）立体动画

立体动画（Stop-motion Animation），包括黏土动画、纸偶动画、沙画等，该类型的创作方式与"定格动画"高度相似，是一种利用实际物体模拟"表演"、再对其进行逐帧拍摄，进而创作出动画的形式。这一过程涉及摄影机对物体位移和变换的逐帧记录，需要将这些连续的帧合成为动画，从而呈现出物体动态效果。比如，在黏土动画中，需要利用特制的可塑性的材料制作角色和环境建筑等所需模型。在创作过程中，角色骨骼采用铁丝或坚硬可塑造的材料搭建，然后在金属骨骼上附着黏土进行塑形，通过逐帧拍摄完成动画制作。此外，角色的表情需要预先制作多种模型，以满足不同剧情的需求。

我国木偶动画剧集《阿凡提的故事》（1979），以及美国动画《圣诞夜惊魂》（1993）、《僵尸新娘》（2005）、《犬之岛》（2018）等，均为具有代表性的黏土动画作品（见图3-4）。

图 3-4　黏土动画《犬之岛》花絮，动画师调整角色模型（左图）
及模型师在片场制作场景模型（右图）

随着数字技术的不断进步，传统类型的动画制作在行业中的"主导"地位逐渐褪去，现今的制作者们更多地依赖数字技术实现相关的功能，并简化了制作的流程。

三、现代类型的动画制作

20世纪70年代以来，动画领域的数字化技术取得了显著进步，涵盖了运用计算机进行动画制作的各个领域。现代动画制作主要指的是数字动画（Digital Animation），这种类型的动画不再依赖手绘等传统方式获取素材，而是采用计算机软件和数字技术（通常采用CGI计算机图像生成技术）来完成动画制作。数字动画大致可分为三维动画、二维动画和合成动画等三类。

（一）三维动画

三维动画（Three-dimensional Animation），亦称3D动画，是一种利用计算机生成图像技术，借助三维动画软件进行建模、设定角色动作、计算等方式模拟真实空间环境感知和运动效果的动画形式。三维动画的优势在于，其在视觉上能够更为真实地呈现深度、透视和体积感。此外，还可依赖三维软件基于物理规律的计算功能，按需添加如粒子、流体、毛发、布料等动态模拟，以增强动画的真实感（见图3-5）。在建模方面，主要包括多边形建模、NURBS建模（Non-Uniform Rational B-Splines，样条及曲面建模）等。多边形建模通过加减线以及对几何元素点、线、面的调整来实现建模（见图3-6）。此方法通常应用于建立常见物体模型和场景中较为规则的部分。NURBS建模则是运用曲线和曲面进行建模，通过调整控制点来灵活控制曲线形状，并可将其转换为多边形和细分表面（见图3-7）。

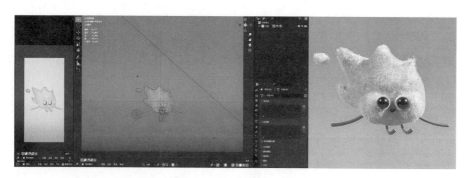

图 3-5　三维软件 Blender 中动画的数字化制作环境与输出效果

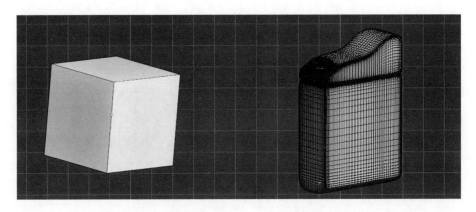

图 3-6　三维软件 Blender 中的多边形建模过程

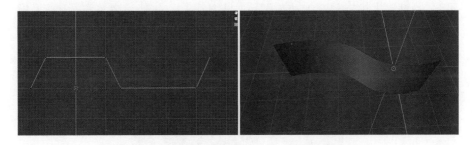

图 3-7　三维软件 Blender 中的 NURBS 建模过程

　　三维动画中的动画元素主要包括角色动画、摄像机动画等，还涵盖了粒子、流体等系统所产生的动画。在角色动画的制作过程中，搭建角色骨骼是第一个关键的步骤，此举便于动画师通过骨骼操控角色的运动（见图3-8）。这一过程涉及正向动力学（Forward Kinematics，简称FK）和反向动力学（Inverse Kinematics，简称IK）的相关知识。在正向动力学中，子关节的位置根据父关节的旋转而改变。相反，反向动力学则是以末端带动整体进行运动。二者都是通过将骨架中的关节角度旋转至预定值，并通过记录关键帧的方式来生成动画。

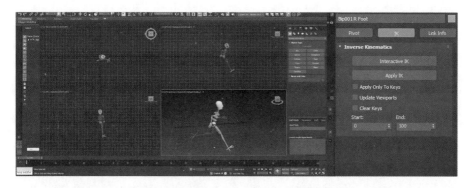

图 3-8   三维动画软件 3Ds Max 中角色骨骼以及 IK 操作界面

1995 年由迪士尼电影公司与皮克斯动画工作室联合制作的《玩具总动员》，是世界上第一部三维动画作品（见图 3-9）。此外，诸如美国动画《疯狂动物城》（2016）以及我国动画《长安三万里》（2023）等，也都是典型的三维动画作品。

图 3-9   《玩具总动员》（1995）电影海报

（二）二维动画

二维动画，是一种借助计算机软件与二维绘制技法实现的数字动画类型。在这一领域，动画师可以利用手绘板等数字绘图工具，在相应软件中直接完成图像元素的创作。二维数字动画将传统动画的制作理念技巧与数字技术进行了融合，既保留了传统手绘动画的独特艺术风格，又具备现代化制作的便捷与优越性。

当前，MG（Motion Graphics）动画是数字二维动画领域备受业界青睐的表现形式。这种动画创作方式融合了文字、图形等信息与动态效果，能够实现平面图片的"动画化"。它包含图形、文本、图像、音效等元素的运动与变化，广泛应用于广告、品牌推广、信息展示、教育、艺术等多个领域。

在MG动画类别的角色动画方面，如图3-10所示，动画师可以手动设定关键帧，这一过程通常称为K帧（关键帧"keyframe"的首字母缩写）。在软件提供的"时间轴"操作面板上，动画师通过调整动画元素的属性（如位置、缩放、旋转、不透明度等），创建相应的关键帧。随后将这些图像逐帧播放，呈现出连续的动画效果。此外，动画师还可对动画素材进行绑定，如在现有角色立绘上进行骨骼的分区绑定，使其符合人体运动规律。此外，还能够通过创建关键帧的方式补充"中间画"，从而使角色运动更加合理和流畅。在二维数字动画领域，常用的专业软件包括Adobe Animate（原Flash）、Toon Boom Harmony、Clip Studio Paint、Moho（Anime Studio）、Synfig Studio、Krita、Pencil2D、LIVE2D等。

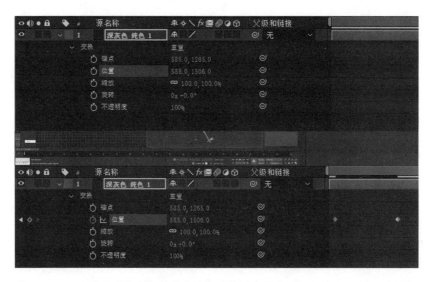

图 3-10　MG 动画的数字化制作环境与效果（以软件 Adobe After Effects 为例）

（三）合成动画

　　合成动画指的是将真实拍摄的元素和计算机生成的元素进行合成的动画，能够将真实场景与数字化的视觉效果完美融合，创造出一种在真实世界中难以体验的奇幻氛围。美国动画电影《谁陷害了兔子罗杰》（1988）（见图3-11）和《精灵鼠小弟》（1999）等均为合成动画的典型代表。

　　伴随着动画与电影产业的迅猛发展，数字合成技术目前广泛应用于电影制作环节，是数字视效的重要实现手段。诸多家喻户晓的科幻与奇幻巨作，如"星球大战"系列、"变形金刚"系列、

图 3-11　美国动画电影《谁陷害了兔子罗杰》海报

"猩球崛起"系列以及漫威（Marvel）超级英雄系列电影等，均在商业和口碑上取得了巨大成功，这充分体现了现代电影工业中数字合成动画技术的重要性。

四、动画的行业应用

（一）动画形式的应用特点

根据当前主流动画类型的分类，传统手绘动画、数字动画和立体动画因其独特的制作方法，各自适用于不同的应用场景（见表3-2）。在实际创作过程中，需根据具体内容、形式及制作环境需求进行适当选择。在某些情况下，亦可考虑综合运用三种方法，以创造出独具特色的数字动画效果。

表3-2　传统手绘动画、数字动画、立体动画的制作特点

类型	传统手绘动画	数字动画	立体动画
特点	1.平面感、多样化风格； 2.可通过变形拉伸呈现夸张动态、增添细腻的表情处理，增强感官效果； 3.可简化设计，有意识地对形象进行归纳处理	1.角色、场景和物体呈现更真实的立体感（如三维动画）； 2.利用动画关键帧技术使动作更加自然流畅； 3.模拟物体运动和物理特性，如重力、碰撞等；模拟不同环境下的光影效果，增强物体质感和画面层次感	1.具有独特的手工感和艺术风格； 2.使用实物或模型，能够捕捉到真实物体的质感和纹理，画面更丰富

（二）动画应用的发展方向

常见的动画类作品及产品主要包括动画电影、动画系列片、动画短片以及贴片动画等。随着题材类型的不断拓展，动画的主流受众已不再局限于儿童，而是发展为全年龄层。越来越多作品的主题面向社会现实与文化内核，强调传递积极正确的价值观。

动画被誉为"技术的艺术"，其进步与计算机生成图像等数字技术密切相关。如今，动画已基本全面迈入数字化时代，动画与影视、交互艺术、商业广告等产业日益交融，成为一种广为适用的技术类型，比如可利用三维动画技术实现极度的仿真效果，或辅助其他影像作品实现更为精致、细腻、多样化的风格呈现。此外，虚拟现实与增强现实等领域的进一步融入，使动画制作在感官表达方面得以拓展，为创作者提供了更为宽广的创作空间。当前，动画产业已成为创意与技术融合的新兴产业引擎，在全球范围内展现出多样化和蓬勃发展的态势。

第二节　非虚构类影像 *

20世纪二三十年代，英国导演约翰·格里尔逊（John Grierson）首次提出了"以真实创作为核心、对现实的创造性处理"的影片类型，并赋予其一个新的名称——纪录片（Documentary），将这一类型与摄影棚制作的影片进行了区分。正因如此，格里尔逊被誉为"纪录片之父"。

在世界电影史上，首部真正符合纪录片定义的作品，当数罗伯特·弗拉哈迪（Robert Flaherty）于1922年执导的《北方的纳努克》。这部影片独

---

* 本节资料整理：谢振昊。

具匠心地运用了摄影机这一现代科技的产物，以细腻入微的方式捕捉了因纽特人原始的捕猎、饮食、建造房屋等日常生活场景（见图3-12），为观众呈现了因纽特人真实的生活画卷。

图 3-12　纪录片《北方的纳努克》部分截图

随着影像形态与技术的不断演变，以真实为创作基石，逐渐衍生出诸如真实电影、直接电影、新纪录电影、新闻片、专题片等多样化类型。在当下影像类型多元发展的背景下，这种排除虚构、从现实生活汲取素材并具有鲜明主题或观点的影像类型，正逐渐被越来越多的创作者所采用，并被称为"非虚构类影像"。

一、非虚构类影像的界定

（一）非虚构类影像的核心：真实性

"非虚构"是一种以真实为基础的话语形态，其表现形式不仅限于影像，还包括如随笔、传记等非虚构文学作品以及其他相关产物。

在影像领域中，非虚构类影像涵盖了纪录片、非虚构电影、新闻报道、影像网络日志（简称Vlog）等多种类型。从深层次看，非虚构影像以真实地展现客观世界为创作出发点，其创作素材来源于客观现实，并专注于呈现真实的人或事件。这类影像以真实性作为其创作的核心和首要准则，排除了虚构的情节设计。

（二）非虚构类影像的形态

非虚构类影像中最具代表性的类型即为纪录片。纪录片的分类有多种说法，如根据影片呈现形态，可分为再现式纪录片与表现式纪录片；依据题材内容，可分为政论纪录片、时事报道片、历史纪录片、传记纪录片、生活纪录片、人文地理片及专题系列纪录片；根据创作目的，可分为纪实性纪录片、宣传性纪录片、娱乐性纪录片以及实用性纪录片等不同类别。

此外，德国写实主义电影理论家齐格弗里德·克拉考尔（Siegfried Kracauer）将电影分为分类型、说服型、抽象型、联想型等四种类型，而当代西方纪录片理论家比尔·尼科尔斯（Bill Nichols）则提出了诗意型纪录片、阐释型纪录片、观察型纪录片、参与型纪录片、反射型纪录片、表述行为型纪录片等六种类型，以进一步细化和完善纪录片的分类和定义。

从非虚构类影像的视角出发，按照体裁的分类，我们可以将非虚构类影像划分为非虚构类长片（类似于纪录电影）、非虚构类系列片（类似于专题片和系列纪录片）以及非虚构类短片（类似于纪录短片）。随着微电影（Micro Film）理念的诞生，一种独特的短片类型——微纪录片（Micro Documentary）也随之兴起。这种短片凭借其精炼且内涵丰富的特点，更能满足新媒体时代网络传播的需求。它秉承了纪录片的真实性创作核心，成为当前数字影像创作的新形态之一。

二、非虚构类短片的题材类别

在新媒体时代的发展环境下，短片型的非虚构类影像越发常见，其特点在于内容精炼、篇幅短小，便于网络传播。目前，该类型影像的内容更为多样化，适合如社交媒体、流媒体等不同平台用户的观看需求。其中，微纪录片是非虚构类短片中最常见的类型。

微纪录片一般能够通过艺术化的手法，真实地记录生活并再现历史事件，实现以小见大的艺术效果。此类作品的时长通常介于5—25分钟，且具备了创作周期短、耗资小、传播速度快等优势。此外，微纪录片的主题主要聚焦于社会生活的细微之处，并兼具真实性、新闻性、艺术性、思想性和原创性等特征，使之成为一种具有较高价值的艺术形式。

微纪录片的主要传播渠道为网络媒体，其分类模式符合互联网用户检索视频内容的使用习惯。因此，大部分微纪录片同时被认为属于网络纪录片（又称"网生纪录片"，指专门为网络平台制作并通过互联网发布的纪录片）。综合来看，我国主流视频平台普遍按照不同题材对网络纪录片进行了分类，具体涵盖了人文、历史、自然、科技、旅游、军事、探险等类别（见表3-3）。

表3-3　我国部分主流视频平台上网络纪录片的题材分类

视频平台	具体类别	分类数量
哔哩哔哩	人文、历史、科技、探险、自然、美食、旅行、宇宙、萌宠、动物、社会、医疗、军事、灾难、罪案、神秘、运动、电影	18种
爱奇艺	人文、历史、科技、探险、自然、美食、旅游、医疗、萌宠、财经、罪案、竞技、灾难、军事、社会、其他类型	16种

续表

视频平台	具体类别	分类数量
腾讯视频	人文、历史、科技、探险、自然、美食、旅游、社会、军事、财经、罪案、竞技	12 种
优酷	历史、科技、探险、自然、美食、旅游、军事、人物、宇宙、刑侦、社会	11 种

三、微纪录片的主要类型

在创作维度上，根据"客观事实"与"艺术表达"的两极区分，我们可以将偏向客观事实记录的类型定义为呈现型微纪录片，倾向于艺术表现的类型定义为表现型微纪录片，而介于两者之间的类型则被定义为融合型微纪录片。此外，在新媒体传播背景下，又诞生了一种新兴的微纪录片形式，被称为Vlog（影像网络日志）（见图3-13）。

图 3-13 基于创作角度划分的微纪录片类型

（一）呈现型微纪录片

在各类微纪录片中，呈现型微纪录片是最倾向于直接展现客观事实的一种类型。此类纪录片强调采用冷静、平实的表现手法，将镜头直接对准现实世界本身，力求将主观的艺术表达控制在最小限度。在这一创作初衷下，创作者"隐藏"了自己，在前期拍摄时倡导不干涉的理念，使得事件的进展自然而然且不可预知。

创作要点：一般不采用解说词来引导受众；一般不采用主观音乐抒发情感和渲染气氛；多采用同期声录音，强调对客观现实的忠实记录。

（二）表现型微纪录片

倘若将呈现型微纪录片视为追求"客观真实"的手段，那么表现型微纪录片则代表着一种对于"心理真实"的传达。根据所采用表达方式的差异，又可以将其划分为直接抒情式微纪录片与以景抒情式微纪录片。

1.直接抒情式微纪录片

直接抒情式微纪录片在客观真实与艺术表达之间更偏向于后者。在这类作品中，创作者可以直接倾诉自己的内心感受，将思想情感毫无保留地展现给观众。例如，微纪录片《盲人摄影师》（2015）通过主人公的第一人称视角，讲述其内心感受，展示了其作为一名盲人摄影师的心路历程。

2.以景抒情式微纪录片

以景抒情式微纪录片则采用含蓄的隐喻手法，将具体画面升华为抽象的符号，间接地向观众传达创作者心中的世界。例如，微纪录片《窥山》（2019）全片未使用解说词，仅是客观地记录了青原山周边的繁荣与衰败，以独特的视角展现了人文发展所带来的变迁，深刻诠释了佛学中"一沙一世界"的哲理（见图3-14）。

图 3-14 微纪录片《窥山》影片截图

（三）融合型微纪录片

融合型微纪录片介于客观事实与艺术表达之间，是结合了二者特点的过渡类型。它进一步强化了主观意向在客观事实艺术化选择与处理过程中的作用，彰显了创作主体的地位。根据融合方法的不同，融合型微纪录片可分为旁观解说式微纪录片与事件介入式微纪录片两种亚类型。

1.旁观解说式微纪录片

旁观解说式微纪录片一般指解说词在整个影片中始终占据主导地位并支配画面的类型。影片一般根据相应主题编写解说词并以之结构全片，具有一定"主题先行"的特点。在进行构思创作时，创作者可以选择先确立某一主题的目标，制定创作方向，再去寻找与之相匹配的事实，并根据一定的逻辑关系将所获取的画面素材整合在一起。国内外众多微纪录片均属于此种类型，如《资本的故事》（2013）、《大器》（2023）等。

2.事件介入式微纪录片

事件介入式微纪录片是一种纪录片创作者与被摄对象之间紧密互动的类型。在这种模式下，创作者一般会积极参与并推动事件的发展。如果创作者未能深入介入事件，整个事件可能无法顺利进行。在该类型中，创作者将其对事件的主导、推动甚至参与拍摄的过程都记录下来，将其融入影片中，在进行客观记录的基础上积极回应并思考事件，向观众呈现镜头内外的事件全貌。

（四）Vlog

1.私纪录片的概念

近年来，"私纪录片"（Self-documentary）作为纪录片的子类别出现在大众视野中，这一概念源于日本学者那田尚史的研究，也被称为"个人纪录片"（Personal Documentary）。这种形式主要聚焦于个人的生活、经历或观点，通常由纪录片的主体本人或与其密切相关的人拍摄和制作。

私纪录片的特点是强调创作者个人的视角和情感，通过个人故事反映更广泛的社会、文化或历史议题。随着社交媒体的普及，越来越多的人有机会制作和分享自己的私纪录片，使这种形式成为自我表达和社会文化交流的重要手段。

2.新媒体时代的Vlog

进入网络新媒体时代，私纪录片类型中也出现了一种全新的形态——Vlog（影像网络日志）。这种形式既保留了私纪录片的本质特征，又具备网络纪录片的相关特性。Vlog，全称为"Video Blog"，即影像网络日志，又被称为"视频博客"。与常规的网络视频不同，Vlog通常由个人制作，以个人视角展示，并以特定时间周期或事件为单位进行拍摄，围绕创作者的日常生活、旅行、兴趣爱好、意见分享等主题，强调亲密性、人格化、个性化，使创作者与观众之间形成了一种虚拟的"面对面沟通"的效果。

Vlog 的盛行在很大程度上得益于数字影像拍摄、制作及传播方式的便捷化发展。许多创作者仅需在日常生活中利用智能手机或便携式相机，便可拍摄高品质的视频内容。得益于个人视角的独特性，这类作品对后期制作的精致程度要求相对较低。此外，视频分享者可以与观众在哔哩哔哩、YouTube、TikTok、Instagram 等社交媒体平台上实现直接互动，为创作者的表达提供了前所未有的宽广空间，同时形成了"意见领袖（KOL）—粉丝群体（Fans）"的现象。

第三节　剧情类影像 *

在当前移动网络新媒体传播背景下，各类数字影像产品的呈现方式越发丰富多样。除了运用计算机动画、数字视效等手段提升视觉吸引力，更被广泛认可、具备高效传播效果的影像作品往往需具备明确的视角、紧凑的架构和跌宕起伏的情节，才能够在海量的影像内容库中脱颖而出。

一、剧情类影像的特点

剧情类影像具有与叙事小说、电视剧、剧情电影（Feature Film）相似的特点。它们都以"讲故事"的方式为核心，向观众传递观念认知、展示社会现象、表达思想情感。

剧情类影像是一种融合了故事性、艺术性和现实关怀的艺术形式，在传递观念认知方面与展示社会现象方面具有独特优势。它们关注社会热点问题，挖掘人性中的善恶美丑，以真实、生动的方式反映现实生活，并通

---

* 本节资料整理：罗栋仁。

过鲜明的人物塑造、错落有致的情节架构以及丰富多样的场景描绘，将深刻的道理融入引人入胜的故事中，使观众在观看作品的同时，思考人生、认识世界。这种寓教于乐的方式使得剧情类影像作品具有较显著的社会意义。

目前，剧情类影像的常见形式主要包括数字电影（含网络电影）、电视剧（含网络剧）、剧情类短片等。近年来，得益于新媒体的发展，剧情类短片的发展较为迅速，尤其以微电影和短视频中的剧情类短片为代表，在网络平台上广泛传播，为观众带来了丰富多样的视觉体验，深受当下观众喜爱，成为连接创作者与观众的重要桥梁。

二、剧情类短片的类型

剧情类短片是当前数字影像领域中最常见的类型之一，其出现契合了"微时代"碎片化影像传播的特征。这类作品通常以简洁紧凑、短小精悍的形式展现，需要在短短数分钟内阐述一个完整的故事。甚至要在几秒钟之内，生动地呈现一段闭合、鲜明、富有节奏感的情节。

（一）剧情类微电影

1.微电影的界定

微电影是指在各类新媒体平台播放、适合网络传播环境，具有明确表达内容、完整故事情节、系统制作形态的影像类型。其本质上是一种"微时长放映、微周期制作、微规模投资"的影像短片。

2005年，由胡戈创作并上传至互联网的"网络视频"《一个馒头引发的血案》，被视为微电影的雏形。该作品将陈凯歌导演的电影《无极》（2005）中的影像，混合电视节目及马戏表演的素材进行剪辑并重新配音，一经传播便在网络上引发了广泛关注。随后，我国各大视频网站（如土豆、乐视、优酷等）的陆续崛起为微电影的发展奠定了平台基础。2010年被誉为微电影真正的"元年"：凯迪拉克投资的广告片《一触即发》成为史上首部微电影，中影集团与优酷联合出品的"11度青春"系列微电影《老男孩》亦广受关注。这两部作品的广泛传播，也从侧面凸显了微电影这种形态所涵盖的商业价值。

根据应用场景的不同，微电影可分为以下几类：剧情类微电影、微纪录片、微电影广告以及实验影像类微电影等。

2.剧情类微电影的发展

剧情类微电影，指在有限时间篇幅内（30—3000s）进行具有一定戏剧性、逻辑性、完整性的叙事表达的短片形态。该类型一般以社会现实、奇幻幻想等题材为主，具有"高信息量"的制作特征，通常以塑造人物为中心，并需要精心设计矛盾层次、把握情节的展开节奏、富有视听表现张力，能够在短时间内吸引新媒体观众。

受团队规模、投入成本、制作水平、专业化水平、目标平台、播放版权等方面的制约，剧情类微电影的品质各有高低。当前常见的类型可分为独立自制与平台投资两类，后者的表现通常优于前者。在制作模式方面，也有政府机构与企业合作两大方向。如2015年启动的"CFDG中国青年电影导演扶持计划"（简称青葱计划），由中国电影导演协会、国家新闻出版广电总局电影局联合主办，培育出《宇宙晚安》（2022）、《那晚十点的事》（2022）等优秀案例。另外一部分微电影则与著名导演、大型企业合作，融合了广告片、宣传片的特点，相关案例有《看球记》（姜文，2011）、《女儿》（西奥多·梅尔菲，2020）、《卷土重来》（张猛，2022）等（见图3-15）。

无论剧情类微电影的创作初衷、制作水平如何，制作方通常会选择将作品上传至网络，进行付费或免费播出，部分高品质作品还会投身各类竞赛展演渠道。目前，奥斯卡金像奖、威尼斯国际电影节、戛纳国际电影节等均设立了短片单元，此外，还有更为专业的短片电影节，如美国好莱坞短片电影节、德国奥伯豪森国际短片电影节、法国克莱蒙费朗国际短片电影节等。

图 3-15　青葱计划《宇宙晚安》海报（左图），微电影广告《女儿》（中图）
与《卷土重来》（右图）

剧情类微电影依托其独特的传播优势，并借鉴了广告片的策划与架构方法，利用其精致短小的呈现形态突破了传统影院的传播束缚，为数字时代的新媒体受众带来了更为灵活便捷的观影途径和丰富体验。此外，因其形态简约、创作门槛较低，相应的创作群体不断壮大，内容也更加丰富多样。目前，剧情类微电影正逐步从专业化制作转向大众化创作。

（二）剧情类短视频

1. 短视频的界定

总体来看，作为独立类型出现的"短视频"要晚于微电影，是一种与新媒体时代结合更为紧密的数字影像类型。短视频产生的基础，是2015年前后4G（第四代移动通信及其技术）网络普及、网络视频社区和平台的大量涌现、新媒体终端硬件的快速发展等。因此，短视频在本质上属于一种网络影像产品。

　　短视频的概念有着广义与狭义之分。广义的短视频指所有时长在20分钟之内、在互联网上传播、包含各类影像形态的视频；狭义的短视频则在时长、制作方式方面有着更为严格的限制。结合该类型的具体发展趋势，行业内普遍对短视频的界定为：时长在5分钟以内，通过移动智能终端生产和编辑，可在网络及社交媒体平台上展示和分享的数字影像类型。

　　2.短视频与微电影的类型差异

　　微电影与短视频的界定标准存在差异：微电影侧重于影像形态和制作标准的评估，短视频则更多地从制作平台和传播渠道的角度加以定义。此外，微电影注重影像内容的完整性与专业性，对制作者的要求较高；相较之下，短视频的特点在于其信息传播和社交性，制作过程更为简洁，参与者具有广泛性、多元性特征，视频内容贴近日常生活，已成为现代社交媒体的组成部分（见表3-4）。

表3-4　微电影与短视频的属性对比

维度	类别	微电影	短视频
界定	时长	短（30—3000s）	极短（普遍在5分钟内）
	技术	数字技术、新媒体平台	数字技术、移动智能终端
	侧重角度	影像形态与制作标准	制作平台与传播渠道
特质	功能作用	审美价值为主，商业价值为辅	商业价值、社交功能、信息传播
	主题表达	明确的主题、深刻的内涵	日常生活、社会热点
	影像语言	视听语言组织规则	声音和字幕
	组织结构	戏剧结构	语言逻辑

　　3.剧情类短视频的特征

　　（1）结构简单

　　在微电影中，普遍采取压缩起始与结尾部分、以更大比例的篇幅展现事件高潮的叙事策略，呈现出"开端（弱）—发展（弱）—高潮（强）—结局（弱）"的基本架构。相较于微电影，剧情类短视频的结构更为简洁且富有变化，开端与发展部分通常被压缩为"一句话"描述。而在部分连续剧式的剧情类短视频中，结尾甚至会被省略，凭借"未完待续"的悬念感吸引用户订阅后续内容。

（2）大众化

相较于微电影，剧情类短视频在制作专业性方面要求较低。随着具备高清摄像功能的智能手机的普及，相应的新媒体剪辑、配音等功能亦在持续优化和完善，短视频制作的门槛已显著降低，"全民创作"的时代或许正逐步来临。

（3）多元化

短视频作为一种新兴的数字影像形式，内容丰富多样，自由度高，凭借其即时性和移动性，呈现出"随时、随地、随见、随想、随拍"的特性。无论是街头巷尾的所见所闻，还是日常生活琐事，甚至是瞬间闪现的灵感，都可以成为短视频的素材。除自主拍摄外，创作者还可从丰富的网络资源中获取素材进行二次创作，其大众化的生产方式决定了创作权不再仅限于个别导演，而是广泛分布在各个潜在的创作者手中，从而使短视频的叙事视角更加多元化。

三、剧情类短片的创作模式

按照目前剧情类短片的常见创作模式，基本可将其分为情节叙事型、幽默娱乐型、风格探索型、公益型等四种基本样态。

（一）情节叙事型

情节叙事型剧情类短片以精巧的叙事结构，呈现出富有情感且具备现实意义的创作特征，一般具备情节发展的起、承、转、合等基本阶段，常通过设置动机、悬念等手段丰富戏剧张力。因其篇幅短小，通常以塑造人物为核心，围绕一至两位核心或线索人物，通过讲述人物故事，或以特定人物视角阐述事件，描绘人物成长变化、解决冲突矛盾的过程。

情节叙事型剧情类短片常见的叙事风格为现实主义风格，呈现形式类似于"缩短了时长"的传统电影、电视剧。此类影片内容领域广泛，常见探讨如爱情、友情、成长、家庭等主题，通过情感共鸣引发观众对情感、人性和社会问题的思考。

著名导演陈可辛所执导的剧情类微电影《三分钟》(2018)(见图3-16)，描绘了春节期间，一位列车员母亲仅凭列车靠站的三分钟与儿子相聚的故事。该片通过倒计时及孩子背诵乘法口诀的方式，成功营造了紧凑的叙事氛围，引发了观众对职业信仰、母子亲情等问题的思考。

图 3-16　微电影《三分钟》影片截图

（二）幽默娱乐型

幽默娱乐型剧情类短片以轻松、幽默的方式讲述故事，旨在引发观众的欢笑。这类影片具备相应的情节设置，但通常不强调深刻的艺术表达，多通过设计滑稽、离奇甚至重口味的情景，运用幽默的对白语言，彰显其夸张、无厘头的创作风格。相较于情节的合理性、主题的思辨性，该类型更注重"笑点"和"段子"的设置，主张带给观众愉悦、轻松的视听体验，满足"草根"百姓的娱乐生活需求。

例如，获得艾美奖最佳喜剧奖的短片剧集"What If"系列（2011年首播），单集主题均以极具创意的方式进行设计，融入了众多荒诞情节，巧妙地展现了相应设定下所发生的喜剧故事。此外，还有英剧"9号秘事"系列（2014年首播），我国的"屌丝男士"系列（2012年首播）、"万万没想到"系列（2013年首播）等诙谐幽默的系列叙事短剧，均是该类型的典型案例。

（三）风格探索型

风格探索型剧情类短片注重美学风格的视觉呈现，通常以情感、情绪、态度为核心内容，强调短片的文化内涵与影像品质，紧密贴合年轻人的审美取向。该类型通过营造视觉风格展现创作理念，或以高端、浪漫、独具一格的美学氛围烘托主题，或以流行文化为创作灵感，探讨年轻人的生活方式与价值观。此类影片通常弱化具体情节，着重影像视觉元素的展现，倾向于概念化的抒情表达，擅长以创新的视听手法吸引观众，呈现出时尚、前沿的风格。

该类型也有诸多成功案例。如*Vogue*时尚杂志的短片系列"VOGUEfilm"与明星合作拍摄，以电影手法展现"时装"，深入探讨现代城市人在社会文化及时尚潮流影响下的内心情感。此外，富士相机品牌推出的

"FUJIFILM"系列短片,借鉴森山大道、寺山修司的视觉风格,旨在于视觉美学与情感表达之间寻求平衡。这类短片不仅传递产品或品牌信息,更以影像语言激发观众感知与思考。这些作品通常由新锐导演和制片人执导,他们以独特的视角和新颖的表达方式,巧妙地将品牌理念和文化内涵融入影片之中。

(四)公益型

公益型剧情类短片通常由热衷于公益事业的机构或企业创作,是公益广告影视化表现的一种形式。此类影片通过动人的故事情节、真实的案例以及对社会问题的揭示,传播对社会现实问题的关怀、环保和人道主义等积极信息,旨在激发观众的关注和行动。例如,2019年腾讯公益制作的《一块钱》(见图3-17),聚焦留守儿童问题,在新媒体平台上引发了广泛的关注和讨论。

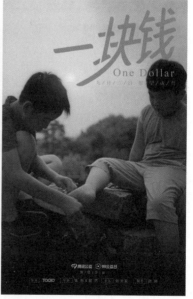

图 3-17 腾讯公益微电影《一块钱》海报

第四节　数字影像广告 *

　　广告的媒介类型丰富多样，包括平面广告、户外广告、网络广告、视频类广告以及广播广告等。20世纪90年代，电子杂志出版商HotWired将首个在线横幅广告（Banner Ads）售予AT&T，标志着第一支网络广告的正式诞生（见图3-18）。自此，广告从单一、静态的形式演变为涵盖动态信息、多样式、多平台的新形态。

图 3-18　第一支网络广告：HotWired 网站上的 AT&T 横幅广告，点击率高达 44%

　　随着大众媒介的演变，广告总体分为传统媒体广告与新媒体广告两类。传统媒体广告以电视、报纸和杂志为主要传播载体，但其影响力日益减弱。相较而言，新媒体广告，涵盖网络平台、手机短信、楼宇视频以及交通工具上的移动电视等多元媒介，已逐渐成为当前广告市场的主导力量。其中，数字影像广告片是现在较为主流的内容呈现方式。

一、数字影像广告的特点

　　数字影像广告主要指的是以视频为表现形式的广告类型，主要通过数字媒体技术制作，并借助如手机、平板电脑、电视等各类屏幕媒介进行展

---

　　*　本节资料整理：李晋羽、罗栋仁。

示。一般融合了平面设计、造型艺术、计算机数字图像处理技术、交互技术等多元手段，并不断进行艺术创新。随着网络传播环境的发展和移动智能设备的普及，新媒体数字影像广告片的样式更加丰富多元，能够根据所投放平台进行"定制化"设计，也诞生了可适应手机传播环境的网页影像广告、竖屏影像广告、触控交互或沉浸式广告等，其品质和数量均实现了显著增长。

在商业广告等实用领域，数字影像广告片以其高效的传播效能、丰富的信息密度以及强烈的视听感染力，不仅在视觉表现层面突破了现实逻辑的限制，还可以结合相应的媒介技术，为受众带来基于现实感官的刺激，拓展了广告的传播途径和接受效率，已经成为当前最有效的商业传播方式。

（一）呈现形态：丰富性

广告由标语（Slogan）发展到影像形态，体现了利用影像技术凝缩创意核心的新型创作思维，其目的在于通过恰当的创作方法，使商品的抽象信息变得明确可感、便于管理且能互动。在这一过程中，创作者需始终保持敏锐的时代触觉，充分且合理地利用各类影像形态进行设计。目前，数字影像广告片能够采取如实拍、动画、特效或综合多种方式进行制作，并可以根据产品特性和目标受众进行个性化风格设计，以实现感官层面精确传达产品特质，有效创设情境、表达氛围，甚至营造系列话题的目的，从而推动产品讯息的二次传播，达到其广告效率的最大化。

以食品品牌"汉堡王"（Burger King）在巴西实施的"Butn That Ad"活动为例，设计者在应用程序中打造了身临其境的互动式AR体验（见图3-19），消费者可运用手机将其他品牌广告"转变"为汉堡王广告。该设计以交互式影像为呈现手段，巧妙地让广告打破了屏幕空间的限制。该案例不仅充分开发了数字影像多元化拓展的可能性，更将其变为一种具有极高交互性的公共事件，极大地调动了受众参与的积极性。其他类似案例还包括NIKE的Nike FuelBand运动手环产品的互动影像广告，同样利用全息影像技术将用户运动数据呈现在屏幕上，使消费者能够切实感受到运动成果。

图 3-19 汉堡王"Butn That Ad"AR 交互展示

（二）内容传播：高效性

相较于其他类型的数字影像产品，数字影像广告在精度要求方面更为严苛，其拍摄团队规模、成本、人员配置以及工作周期会根据广告的规模、复杂度和目标受众产生显著差异。例如，针对小范围受众或用于社交媒体周期性更新的小型项目，面向更广泛受众包括电视和网络平台的专业广告及中型项目，以及包含复杂故事情节、特效和高质量视觉效果的高端品牌类大型项目等。无论具体类型为何，它们均需要在较短时间内高效地传达信息。因此，影像广告在设计的过程中通常需要具备高度集中、明确和清晰的叙述逻辑，也需要在呈现质量上达到更高的标准。

广告创作者与传播者之间的关系正在经历持续的变革。即便在目前常见的数字影像广告中，专业创作者的作品仍占据主导地位，但随着图像处理、摄影以及人工智能生成内容（AIGC）等创作手段门槛的不断降低，广告生产与用户生成内容（UGC）的模式也结合得更加紧密。例如，众多自媒体短视频博主所创作的内容，不仅兼具自媒体视频的表现形式，也承担了视频广告的功能。此外，用户行为所产生的传播效应亦不容小觑。用户点击、转发、评论等行为不仅使广告获得更多关注，还激发更多人参与广告的"再创作"。当前，人们越发热衷于运用各类数字软件进行创作与分享，在网络新媒体时代背景下，每个人均在无意间扮演着广告内容的创作者与传播者角色。

目前，整个广告产业呈现出高效迭代、高产出的整体发展趋势，形成了以用户为中心的广告创作生态系统。因此，新时期的广告创作者需要更加关注用户的需求，以贴近用户的方式进行相关创作。

二、数字影像广告的分类

从创作目的、媒介表现、内容呈现等三个维度来看，数字影像广告以其商业性与传播性的特点，展现出更加具体的功能及目标导向，进而推动了广告影像片的多样化发展（见图3-20）。

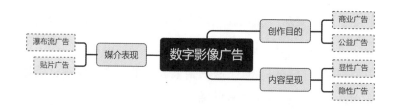

图 3-20　数字影像广告的不同类别

（一）创作目的

根据数字影像广告创作目的的差异，我们可以将其划分为商业广告和公益广告两类。

1.商业广告

商业广告（Commercial Message）作为一种以赢利为导向，致力于向公众推广商品或服务的广告形式，需要根据内容属性和受众特点进行精细化内容构建，从而能够精准地将产品价值的相关信息传达给消费者。例如，瑞士知名手表品牌百达斐丽（Patek Philippe）的广告短片，即有针对性地设计了饱含温馨家庭氛围的相关场景，配合其经典广告语："无人真正拥有百达斐丽，仅为下一代珍藏。"短短数十秒的广告便使其注重"传承"的品牌理念在众多奢侈品牌中脱颖而出。

2.公益广告

公益广告（Public Service）是一种以提升社会公众利益为目标的广告形式，其核心目的在于服务社会公众，而非追求赢利。此类广告关注社会效益、现实主题和感召力，致力于塑造积极的社会风尚。通过其特有的传播方式，公益广告引导公众关注社会议题，并推动各方共同解决问题。例如，我国"关爱留守儿童"系列公益广告便成功地引起了全社会对留守儿童问题的关注，进而推动了相关政策的制定和执行。

（二）媒介表现

根据数字影像广告在各类媒体上的播放方式、展示环境和用户互动方面的表现，我们可以将其大致划分为两类：瀑布流广告与贴片广告。

1.瀑布流广告

瀑布流广告（Out-stream Video Ads）是一种不嵌入视频内容的视频广告形式。在各类网页或移动应用中，它们通常以纵向排列的方式展示，或在非视频内容如新闻文章、网页文本或图片之间播放。此类广告的展示方式具有如下特点：当一个广告位置被填充后，会根据预设条件向下一个位置发送请求，直至全部广告展示完毕。瀑布流广告无须依赖其他视频内容即可独立展示，且不受特定视频平台的限制，因此在展示范围上具有更高的灵活性。

瀑布流广告凭借其独特的展示形式及较高的传播效果，已逐步成为广告市场的新兴力量。此类广告广泛应用于社交媒体（如微信朋友圈、小红书等）、新闻资讯媒体以及户外广告媒体等场景。

2.贴片广告

贴片广告（In-stream Video Ads）是嵌入视频播放流中的广告，可以在视频开始前（前贴片）、中间（中贴片）或结束时（后贴片）播放。它们依赖于视频内容主体，通常在流媒体视频平台（如腾讯视频、爱奇艺、YouTube等）中进行应用。

相较于瀑布流广告，贴片广告的优势在于其强烈的指向性，尤其是当广告内容与视频主体相关时，将会提高其叙事与创意展示的效率。然而，由于强迫性植入，观看者可能会在体验上产生不适。因此，贴片广告需具备精炼且直接的特点，能够在短时间内吸引观众的注意力。此外，为了提高观众的接受度，这类广告通常需要在短时间内呈现富有创新性的内容。

（三）内容呈现

根据数字影像广告内容呈现方式和观众对广告意图认知方面的差异，可以将其分为两类：显性广告和隐性广告。

1.显性广告

显性广告（Obvious Ads），是指那些直接、明显地展示内容和意图的广告，这类广告具有展示方式的直观性特点，通常直接介绍并宣传广告商品与服务，因此又被称为"硬"广告，常见于电视、社交媒体等平台，具备较高的辨识度与传播效力。然而，因其方式过于直接，可能难以使受众获得情感和价值观等高层次的认同感。

2.隐性广告

隐性广告（Product Placement）也称作植入式广告或产品植入，是一种在影视作品、游戏、音乐视频等内容中通过故事情节或角色活动巧妙地植入产品的广告形式。与显性广告不同,隐性广告的呈现比较含蓄,旨在通过内容的自然融入来影响观众,因此又被称为"软"广告。

隐性广告伴随着影视和游戏等叙事或娱乐产业发展而生,其产品通常与内容主题密切相关,旨在激发观众对产品的兴趣和好奇心,从而潜移默化地在观众心中塑造深层次的品牌印象。隐性广告设计的关键在于把握呈现的"度",既要合理融入所在环境、不破坏观感,又要让观众感知到产品的价值。

除上述分类之外,数字影像广告还可以根据其内容与传播的关联性划分为病毒式广告、植入式广告、广告定制剧、贴片式视频广告等类型;从制作技术和风格的角度分为实拍类广告片、动画类广告片等。在实际制作中,数字影像广告具有高度"定制化"的特征,与各类影像媒介、传播平台的特点相互交融,共同构成了目前影像类广告的整体生态。

三、数字影像广告的风格

依据产品、平台及传播需求的独特性,各类数字影像广告在风格方面呈现出显著的差异,主要表现为内容与形式两方面的不同特点。总体来看,在内容方面,需要根据产品定位的差异,制定相应的叙事策略;在形式方面,需要充分考虑目标受众的审美偏好,运用丰富多样的制作技巧与视觉风格。

(一)叙事策略

根据数字影像广告的不同结构方式,其叙事策略可分为解决问题型、叙述故事型、情感诉求型、歌曲口号型以及名人推荐型等。

1.解决问题型

在广告叙事方面,此类作品遵循"提出问题—解决问题"的逻辑线索。

这类广告预设了目标用户面临的具体问题，并通过展示产品或服务的价值来获得观众的认同和理解。其结构通常包括对问题的适度夸大，以及提出解决问题的方案。这种广告类型的优势在于简洁明了，能够直接明确地揭示与解决问题，其效果较为明显。

2. 叙述故事型

此类型借鉴了剧情类影像的优势，充分把握了公众对"听故事"的热衷，通常以微电影形式展现，通过设计悬念冲突满足探知欲望，通过故事的起承转合传达品牌理念，实现高质量广告推广。目前已在短视频领域成为主流的广告呈现方式之一。以商业儿童动画电影《小猪佩奇过大年》的广告为例，通过一部富有趣味性的广告短片《啥是佩奇》（2019）进行了高效的前期宣传，从而激起了全网对该商业影片的广泛关注。

3. 情感诉求型

该类型的广告通常采用富有情感性的叙事风格，具备"以情动人"的优势，通过融入亲情、爱情、友情，乃至集体层面的爱国情感等元素，或结合传统节日的民俗活动，进而使产品形象深入人心。常见的案例包括公益广告、文化旅游宣传片等。

4. 歌曲口号型

此类广告片的特点是内容丰富，包含歌曲或宣传口号，适用于各类移动播放平台、电梯以及地铁站等公共场所的应用场景，能够通过持续的声音播放，激发观众的关注度。同时，融入当前网络热门元素，实现高效宣传效果。

5. 名人推荐型

这类广告片主要依赖代言人的名人效应，迅速提升广告的知名度，以达成宣传目标。在美妆护肤品、时尚服饰、数码科技等与流行趋势及生活方式紧密相关的产品广告中，制作方通常会邀请歌手、演员或喜剧艺人为产品代言，展现产品使用场景，以实现快速曝光和提升产品信任度的宣传效果。

（二）视觉风格

依据数字影像广告制作方法的差异，可将其视觉风格划分为实拍型、动画型及特效型等。

1.实拍型

实拍型广告是一种着重在真实生活场景中展示商品的广告模式。这种广告以生活片段为设计框架，使商品在现实环境中自然呈现，从而缩小消费者与商品之间的心理距离。实拍型广告的优势在于，它并非直接推销商品，而是通过呈现一种生活状态，让消费者体会到商品与生活的紧密关联。

如"百岁山"矿泉水广告（见图3-21），通过精致的实拍画面展示了一个浪漫的爱情故事，传递了"经典、浪漫、难忘、瞩目"的品牌理念。此类广告一般具有较为细腻的视觉质感与富含情感的故事线索，从而使受众体会到商品的价值与内涵，提高他们对商品的信任。

图3-21 "百岁山"矿泉水广告画面

2.动画型

动画型广告具有鲜明的特色，能够有效吸引少年儿童和年轻人群体。此外，在面对写实手法难以呈现的题材时，动画型广告能够实现独特的视觉效果。例如，将相关产品的动画形象应用于日常生活，可以提升产品的渗透率；同时，也有不少成功案例利用了大众熟知的动画角色进行宣传（见图3-22），能够有效地提高品牌的传播效果。

图 3-22　蒙牛牛奶与《姜子牙》电影联合制作的贺岁广告短片

3.特效型

特效型广告能够充分发挥数字化影像制作技术的优势，呈现出多样化的视觉风格和设计创意，这类广告具有较强的视觉冲击力和表现力，一般会在充分展示产品的同时，适度运用夸张和美化的手法展现使用效果，拓展受众的想象空间，满足其对产品功能的期待。既提升了广告的趣味性和观赏性，又满足了特定的宣传需求。

例如，在食品或日化类广告中，可以利用特效技术展示产品在人体微观世界的效果；或在介绍数码科技产品时，模拟其在未来生活场景中的应用（见图3-23）。

图 3-23　英国电信公司 Three 的广告以实拍加特效的方式，
展现了一个 5G 时代下超乎想象的全息未来世界

第五节　交互式影像 *

　　随着计算机与互联网等媒介的不断进步，艺术创作和实践领域发生了
显著的变革。数字技术深入参与了艺术创作的全过程，进而使人与人、人
与物之间的"交互"（Interaction）成为一种越发常见的创作思路。观众不
再局限于艺术作品的欣赏者角色，而是成为共同创作者。

　　交互式影像又称为"互动影像"，是影像艺术与交互艺术相结合的一
种独特表现方式。其主要特点为：以影像画面作为主要展示手段，利用各
类传感器捕捉受众反应，并通过数据采集、画面生成及实时渲染等技术与
观众实现互动的数字影像类型。交互式影像融汇了视听艺术与数字技术，
结合了"交互"与"影像"二者的优势，是目前数字媒体艺术专业所着重
研究的形式之一。

　　*　本节资料整理：裴梓仪。

根据具体的交互方式，交互式影像可分为情节交互型、体感交互型和虚拟现实交互型等三类（见图3-24）。

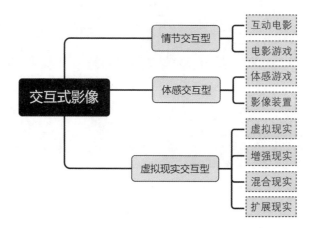

图 3-24 交互式影像分类概览

一、情节交互型

（一）定义与背景

情节交互型影像是一种在观众观影过程中，提供实时选择性与多线程剧情脉络的作品。主要涵盖了电影中的互动电影（Interactive Film）以及电子游戏中的电影游戏（Movie Game）等。该类型区别于传统单线程的影像创作与播映模式，通常具备多线程的情节结构。观众通过互动环节做出决策，进而影响剧情后续发展。

1.互动电影

互动电影是一种新媒体艺术的形式，它一般由一系列影像片段构成，用户可从中选择不同分支来推动故事发展。世界上第一部互动电影可以追溯到1967年在蒙特利尔世博会捷克馆播映、由拉杜兹·辛瑟拉（Radúz Činčera）编剧并执导的黑色喜剧《自动电影：一个男人和他的房子》

（*Kinoautomat: One Man and His House*）。这部影片在展映过程中需要将电影暂停，由主持人引导观众投票选择剧情发展。该影片仅提供了极其有限的交互性，在故事情节、表演和制作环节都相对薄弱，因此在彼时并未引发广泛的关注。

伴随着互联网与智能硬件设备的飞速进步，互动电影在制作与放映等技术方面得以突破。观众可通过鼠标、键盘、手柄等外部设备（周边设备）实现互动，体验观影的新境界。其中，威尔士互娱（Wales Interactive）推出的《晚班》（2017）以及网飞公司（Netflix）发布的《黑镜：潘达斯奈基》（2018）均为互动电影的典范（见图3-25）。

图 3-25　《黑镜：潘达斯奈基》的选择界面截图

互动电影的成就并非仅取决于技术，高品质的剧本亦至关重要。近年来，伴随着行业剧作水平的不断提高，越来越多的互动电影凭借引人入胜的故事情节及人物塑造，为观众带来了更为卓越的艺术享受。在制作技术与创作水平的共同推动下，互动电影已受到广泛的喜爱与接纳。此类影像不仅满足了观众对沉浸式体验的期许，同时为影视创作者开辟了一种全新的表达方式。

2.电影游戏

电影游戏属于电子游戏中的一种独特类型，其本质上是一种情境交互式的影像游戏。这类游戏主要通过动画或全动态视频（包含真人镜头）进行展示，并需观众参与操控，以推动游戏体验的进行。

1974年，任天堂（Nintendo）推出了一款街机游戏①《荒野枪手》（*Wild Gunman*）。在游戏中，玩家需操控连接屏幕的光枪，与美国西部枪手展开紧张刺激的对决。当敌方角色眼睛闪烁时，玩家需迅速开枪。若成功击中，便能欣赏到胜利动画；否则，将被敌方枪手拔枪击中。随着时代演变，早期电影游戏因游戏性不足而逐渐被开发者舍弃。尽管后来许多游戏从"电影"概念中汲取灵感，但重点逐渐转向角色动作和场景设计。越来越多的作品采用电影化叙事，但主要呈现为动作冒险游戏，导致电影游戏概念出现了一定程度的淡化。

2010年，法国Quantic Dream工作室推出电影游戏《暴雨》，使该类型重新受到广泛关注。该作品在冒险与动作元素方面依然占据较大比重，但其引人入胜的过场动画与精彩剧情赢得了玩家的普遍好评，许多玩家将其视为电影游戏的典范。此后，Quantic Dream工作室持续推出《超凡双生》（2013）、《底特律：变人》（2018）等备受好评的作品（见图3-26），使电影游戏得到进一步发展。

图 3-26　Quantic Dream 工作室 2010—2018 年间推出的一系列电影游戏截图

（二）特点与优势

情节交互型影像具备用户参与度高、交互体验强、情感共鸣深、重复

---

① 街机游戏（Arcadegame）是一种置于公共娱乐场所的经营性专用游戏机上的游戏，最早流行于20世纪70年代美国酒吧。

体验价值高等明显优势，在视听觉综合感知层面为观众带来了更深刻的审美感受。通过交互式的情节设计，该类型影像突破了传统影像的封闭式叙事结构，将原有的单向信息变为了多线性信息传播。

该类型的核心优势是交互性的叙事模式。在这种模式下，用户不再是被动接受信息的角色，而是通过积极参与交互，成为故事的参与者与决策者，对情节的发展产生直接影响。相较于传统影像，情节交互型影像的关键差异在于用户的个性化选择，这些选择不仅提升了观众在剧情中的亲身互动体验，也增强了观众对剧情的参与程度。

通常情况下，情节交互型影像的剧情设定需始于一个固定起点，通过各种交叉决策构建出树状叙事结构，观众的主观选择是影像情节推进的核心要素（见图3-27）。沉浸式的观影经历意味着用户潜在的积极互动过程，即"观众被故事吸引—深入探索故事内涵—设身处地思考问题—引发情感共鸣并加深"的体验模式。凭借情节交互型影像的多线程剧情脉络，观众可根据个人偏好，享受到个性化的观影体验。此外，观众还可选择多次观影，扮演不同的角色，做出不同的选择，从"多视角"对游戏进行体验，进而提升整体的审美感知。

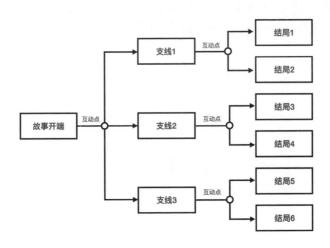

图 3-27 情节交互型影像的树状分支型叙事结构示例

二、体感交互型

（一）定义与背景

体感交互型影像是一种结合了身体动作感知技术与数字影像内容的创新形式，现阶段可分为体感游戏和交互影像装置两大类别。这两种类型的共同特点在于，它们均借助识别人体动作的方式输入信息或发出指令，从而实现用户与影像内容的实时互动。

1.体感游戏

体感游戏（Motion Sensing Game）的起源可追溯到1976年日本电子游戏公司世嘉（SEGA）推出的街机对战游戏《重量级拳王冠军》（*Heavyweight Champ*）。该游戏要求玩家佩戴类似拳套的设备，双方通过挥动拳头进行攻击，模拟真实的擂台体验。1986年，万代公司（BANDAI）在日本推出了任天堂FC[①]附件《家庭训练机》（*Family Trainer*），该游戏类似于大众熟知的跳舞毯，玩家可通过脚踩等方式体验FC的配套游戏（见图3-28）。

进入21世纪，任天堂推出的 *Wii Sports*，进一步将体感游戏的应用场景进行了拓展，使游戏回归了纯粹的趣味。这一创新在全球范围内引发了体感游戏热潮，促使其他厂商纷纷推出类似的体感控制器。2010年，微软发布了深度感应体感控制器Kinect，有效补充了手持类控制器的"短板"，使玩家可通过肢体动作进行游戏操作。同时，索尼开发了PlayStation Move，与PS3（PlayStation 3）主机一同推出，为游戏提供了更为精准的体感控制。体感设备的创新有效助力了体感游戏及互动装置类影像的蓬勃发展。

---

① FC：Family Computer，任天堂在20世纪出品的游戏主机类型，俗称红白机。知名游戏机"小霸王"便是基于FC平台开发的国产产品。

图 3-28　万代公司（BANDAI）推出的 Family Trainer（左图）
与配套游戏 Stadium Events（右图）

2.影像装置

交互影像装置属于一种新媒体艺术表现形式，近年来受到了众多数字
艺术家、设计师、活动策划等创作者的喜爱。这类装置通常运用各类传感
器捕捉观众的反应，通过手势等动作方式来操控和影响影像内容，并依托
实时渲染技术实现与观众的互动。例如，数字艺术团队Scenocosme创作的
Metamorphy（2019）（见图3-29），曾在伦敦荣获国际数字艺术领域的重要
奖项流明奖（The Lumen Prize for art and technology）银奖。该作品将真实
的物理反馈与虚拟的影像相结合，呈现了一种扭曲现实的幻觉。

体感交互型影像的优势在于能够颠覆传统被动的观影视角，赋予用户
积极参与者的身份。随着近年来体感技术的深化，如深度摄像头和传感器
等设备的进一步普及，体感交互型影像已逐渐成为数字媒体领域中备受关
注的创新类型，为用户提供了身临其境的视听体验。

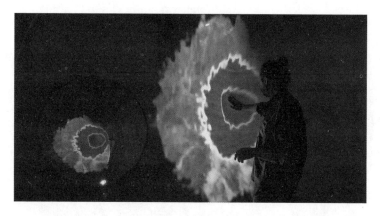

图 3-29 数字艺术团队 Scenocosme 的作品 *Metamorphy*

（二）特点与优势

体感交互型影像以其独特的互动性和强烈的沉浸感，打破了传统观看模式的单一性桎梏。通过将传感技术与影像呈现相融合，该类型为用户提供了通过身体动作实时互动的新型方式，强化了用户与内容之间的联系。该类型并不仅限于娱乐领域，在教育、健康、公共艺术等领域也有着广泛的应用。例如，此类影像可以应用于教学、训练、康复等场景，同时也可应用于多人协作和竞技互动场景，促进社交交流，从而展现出巨大的市场潜力。

此外，高质量的体感交互影像也拓宽了公共艺术的边界。与传统的静态雕塑、壁画等作品相比，体感交互型影像能对观众的动作和声音做出实时反馈，为艺术作品注入生命力，从而使观众能以更深入的方式理解作品的内涵。

三、虚拟现实交互型

（一）定义与背景

虚拟现实交互型影像以沉浸感为核心，提供了一种超越电子屏幕媒介

（如电视、电脑、手机等）的交互体验，为人们的信息感知方式提供了全新的选择。

1.常见技术

如表3-5所示，该类型影像创作的常见技术包括虚拟现实（VR）、增强现实（AR）、混合现实（MR）以及扩展现实（XR）。

表 3-5 VR、AR、MR、XR 的用途与呈现效果对比

技术	用途	呈现效果
VR	利用设备模拟虚拟世界，为用户提供视觉、听觉等感官的模拟，有充分的"沉浸感"与"临场感"	看不到现实世界的场景，只有完全由计算机生成的虚拟画面
AR	通过将数字信息叠加到现实世界中来增强用户对周围环境的感知。补充了原本在现实世界特定时空范围内难以体验的信息，实现了真实世界与虚拟世界信息的无缝集成	真实的环境和虚拟信息实时叠加到同一画面/空间，真实与虚拟内容同时存在
MR	融合了虚拟现实和增强现实的技术，叠加虚拟物体到现实环境中，允许用户与这些虚拟物体进行实时交互	混合真实世界和虚拟世界产生新的可视化环境（同时包含物理实体与虚拟信息），且须满足实时交互的使用条件
XR	通过计算机技术和可穿戴设备产生的一个真实与虚拟组合的、可人机交互的环境。涵盖所有通过计算机技术和可穿戴设备扩展或增强人类感官体验的技术	通过摄像机追踪系统定位空间位置信息、实时映射人物与场景的空间关系；利用实时渲染技术将动态数字场景在所用屏幕上还原、呈现并输出完善的虚拟场景

虚拟现实类应用一般需要通过佩戴专用的头显设备（见图3-30），使用户全面沉浸在虚拟环境之中；增强现实技术则在虚拟与现实之间构建了无缝

的交互，使虚拟与现实元素融为一体；混合现实技术将虚拟元素叠加在现实世界中，为用户带来与现实环境的互动体验；扩展现实技术则更为宽泛地涵盖了上述各类技术，其主要目标在于拓展用户与数字内容之间的交互途径。

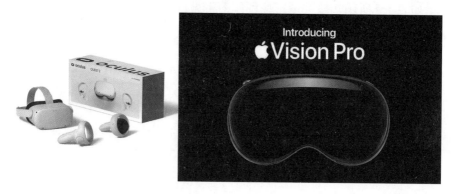

图 3-30　Facebook 在 2020 年发布的 VR 一体机 Oculus Quest 2（左图）及 Apple 在 2023 年发布的 Vision Pro（右图）

2.应用现状

虚拟现实空间凭借其技术可供性（Affordance），为用户带来了独特的空间叙事和沉浸式身体交互体验。虚拟现实交互型影像通过消除屏幕所制造的空间隔阂，使作品得以突破真实物理世界限制，从而实现实时互动。在视觉、听觉、触觉以及方位感等多重感官的协同作用下，用户能够通过语言和动作输出，与虚拟世界进行信息交互，从而感知虚拟环境，获得别具一格的审美感知。

现如今，虚拟现实类技术广泛应用于娱乐、教育、医疗、工业等领域。此类技术为用户提供了更为身临其境的体验，赋予了交互影像更为丰富的创新空间，同时亦对创作者在创作过程中的技术素养与创新思维提出了更高要求。

（二）特点与优势

虚拟现实交互型影像的核心优势是能够为用户带来沉浸式的观影体

验。例如，通过佩戴VR头显，用户可以自由转动头部，360度环视虚拟环境，深入探索虚拟世界的每一个角落，体验宛如置身其中的真实感。此外，更多具体类型还融合了新型数字技术，允许用户在虚拟环境中与元素互动，如通过手势、控制器等操作虚拟物体，进一步提升用户的参与程度。

交互式影像的涌现与发展，充分展示了数字技术对艺术创作所产生的深远影响。此类作品巧妙地融合了数字影像技术、虚拟现实与交互技术、艺术设计元素，为观众营造了独特的艺术体验。交互式影像是未来数字影像重要的发展形态，不仅拓宽了传统艺术语言的界限，亦重新定义了观众（用户）与作品之间的关系。

第四章　数字影像创作思维

本章导读

数字影像的创作是一个综合性的过程，它要求创作者对数字影像的创作思维及整个行业的发展现状进行合理把握。本章旨在深入探讨数字影像创作的核心思维、创作要点及其应用领域的发展趋势。内容涵盖策划、导演与脚本编写、概念设计以及素材管理等相关环节的介绍，旨在帮助读者理解数字影像创作的核心创作思维和方法。

第一节　核心思维

数字影像的创作涵盖了创意构思、技术实现、团队协作等多个方面，涉及多个学科与领域，需要创作者具备跨学科和跨领域的持续学习意识。在具体的创作过程中，创作者需要保持严谨、稳重和理性的态度，不断探索和创新，同时整合各类资源，积累相应的思维方式与经验知识，以适应复杂多变的制作环境和具体需求，实现多样化的创意表达。

具体来看，数字影像创作的核心思维包含策划思维、导演思维、工具思维等三个重要方面。

一、策划思维

在社会信息化进程不断加快的背景下，人们对数字影像内容的需求日益增长。随着数字化影像制作技术的迅猛发展和新媒体网络传播环境的日益便捷，内容生产的门槛逐渐降低，新内容的获取也变得更加容易，从而推动了影像总量的指数级增长。然而，在这一过程中，也不可避免地涌现出大量缺乏专业性和深度，甚至包含低俗、暴力等不良因素、粗制滥造的影像内容。这一现象进一步影响了影像消费者和用户对数字内容需求的转变：他们越来越追求精品化、多样化的内容。

（一）策划思维的要素

策划思维是数字影像创作的起点和基础，具体指的是创作者对影片制作过程进行合理的、全面规划的思维方式。

在互联网时代，传统的影像受众被赋予了更多的自主权，成为具有高度参与度的"用户"（User）。因此，对数字影像作品的策划过程，等同于为消费（观看）这些产品的个人或群体提供服务的过程。通过合理的策划，创作者能够明确数字影像的创作方向和目标，更好地把握受众需求，精心设计内容，规划创作流程和资源，确保作品的质量和效果，避免走入内容创作的"雷区"，提升作品的影响力和价值，从而推动数字影像行业整体的健康发展。

从专业角度来看，策划思维涉及数字影像创作的全方位设计，同时需要不同工种的专业人员来承担相应任务。例如，制片人（Producer）需要全面主导电影拍摄或电视制作从启动到完成的包括创作、财务、技术及行政管理等各个方面的流程，确保项目的顺利进行。而监制（Executive Producer）则是项目管理的核心，负责监督并管理一个或多个项目中制片人工作的实施。[①]

总体来看，策划思维包括以下几个方面的要素：

1. 受众定位

深入了解和分析目标受众的喜好、需求和接受习惯，确定适合该受众群体的影像内容和形式。在这一环节，需要创作者对相关市场需求、行业现状、播出数据、制作成本、优秀案例等进行调研，并基于此对后续创作提供指导。

2. 内容策划

根据受众定位，策划出符合主题、情节、人物塑造等要求的影像内容，并注重内容的创新性和吸引力。此外，需要以"项目制"的方式进行合理计划，综合考虑到该项目的制作成本、周期、投放平台等因素，按照实际需求进行设计，决定最终内容呈现的模式。

3. 流程实现

对数字影像的整个制作过程进行详细的规划，具体包括文本阶段、拍

---

① 汉赛娜.完全制片手册［M］.蒲剑，译.4版.北京：人民邮电出版社，2014：2.

摄阶段、后期制作阶段等过程。此外，还需要考虑实现策划内容所应使用的技术手段和工具，其中包括拍摄设备、后期制作软件等。

4.资源整合

充分利用现有资源，包括人员、场地、硬件设备、制作资金等，进行合理的配置和整合，以确保创作的顺利进行。

5.团队协作

需要建立良好的沟通和协作机制，充分发挥每个团队成员的专业优势，共同解决制作过程中遇到的问题。

（二）影像策划的具体类型

在数字影像的策划阶段，创作者必须根据不同影像类别的特点进行有针对性的设计，以确保对作品的主题、风格、目标受众群体、播出平台及时间规划等方面有精准的把握和合理的安排。

1.常见的数字影像分类方式

为适应数字化传播的媒介环境，数字影像的类型发展进一步丰富。当前，数字影像分类标准繁多，不仅可根据内容差异划分为静态影像、动态影像、交互影像、数字融合影像等基础形态；还可依据生产手段分为实拍类影像、计算机生成类影像、混合类影像等；按照形态与实现方式分为动画、实拍、算法生成类影像等；针对具体的主要应用场景，又可分为商业、创意、叙事、信息表达、应用辅助类影像等。

在媒介环境不断革新、应用范围持续拓展、内容日益丰富的背景下，多样化的数字影像类型为创作者提供了更为广阔的创作空间，同时为观众呈现出更为绚丽多彩的影像世界。

2.常见的数字影像类型的创作流程

当前，各类影像作品呈现出体裁短小、效果丰富及形态多样的发展趋势。在行业应用方面，短视频类影像因其易于传播的特性，受到广泛关注。此外，动画、交互式影像、微电影以及实验影像凭借其较高的艺术欣赏价值和独特的视觉风格创造力，为数字影像的类型化发展提供了方向。概括而言，影像类作品的创作流程主要可分为前期制作、中期制作和后期制作等三个阶段（见表4-1）。

表 4-1　常见的数字影像作品制作流程

类型	前期制作	中期制作	后期制作
动画短片	策划筹备、美术设计	二维动画：原画、中割（中间画的绘制）、动作检查、上色、拍摄 三维动画：建模、动画 立体动画：角色制作、场景道具制作、拍摄	合成、剪辑、输出与投放
非虚构类短片	选题策划、田野调查、拍摄计划、组建团队	人物拍摄、空镜头拍摄	叙事与剪辑、添加解说词、特效、音乐制作等
剧情类短片	剧本创作、人员筹备、剧本围读、分镜制作	现场拍摄	粗剪、添加配音音效以及特效和视觉效果、精剪、调色、优化音频、添加字幕和片尾
数字影像广告	项目立项与策划：目标、风格、创意	依据所选取的具体形式实施创作	
交互式影像	确定用户与媒介、建立交互原型、测试与反馈	依据所选取的具体形式实施创作	

二、导演思维

导演思维是指导演在创作过程中所形成的独特的思维方式和工作方法。它涵盖了对影像的整体构思、人物塑造、场景设计、节奏把握等方面的思考。导演需要具备敏锐的观察力、丰富的想象力和卓越的执行力，能够通过镜头语言、表演指导、场面调度等手段，将抽象的策划方案转化为具体的影像作品。

（一）艺术表达能力

影像艺术是运用视听语言表达思想、情感和意境的一种艺术形式，导演则是创作团队中决定艺术创作方向的核心力量。优秀的导演需要具备对艺术的深刻洞察力和卓越的审美水平，精通创作理论、视听语言等技艺，能够运用丰富的创意想象，将故事情节与视听元素巧妙地融合，从而创作出具有鲜明个性和深刻主题的作品，将影像的内涵以生动且富有感染力的方式呈现给观众。

导演独特的艺术表达能力通常体现在故事叙述、视听语言等两个方面。

1.故事叙述

导演需要对影像背后的故事内核与情感表达进行精准把握、深入挖掘，并具备出色的故事叙述能力，通过设置悬念、情感冲突等手法进行结构，吸引观众的注意力。此外，还应借助影像的力量，通过精心设计的画面、恰到好处的音乐及节奏的变化，将故事内涵以直观的方式传达给观众，使作品呈现出丰富的层次。

2.视听语言

导演对视听语言的运用能力是影片成功的基石。在视觉呈现上，导演需拥有丰富的创意，能在脑海中构思出影片的整体视觉风格和场景布局，同时掌握并熟练运用画面构图、色彩搭配、光影设计等技巧，以塑造出美的视觉体验。与此同时，导演还需通过精心的镜头选择、角度及运动、表演调度以及剪辑节奏等把控手段，营造出与影片主题相契合的视听和情感氛围，从而提升作品的感染力。此外，导演还应保持创新意识，勇于尝试新的表现方式和创作手法，以不断地突破传统的艺术表达方式，创造出新颖、独特的影片效果。

（二）决策能力

对于任何影像作品来说，导演都是其背后的灵魂人物，需要从整体上把握影片的表达方式，且具备较强的协调与组织能力，以引导团队完成高质量的影像作品。

数字影像的创作是一个精细而复杂的过程，需要导演与团队中的编剧、摄影师、演员等各成员紧密配合，共同推动项目进展。在此过程中，导演不仅扮演着领导者的角色，也是创意的驱动者和质量的守护者。在主题确定、剧本创作、故事板与分镜头制作、拍摄与后期制作的每一个环节，导演需要进行全程的深度参与和全面把控。

1.对创作团队的决策

一般情况下，导演需要参与构建团队的相关工作。在深入了解作品创作目标的基础上，导演应对所需的编剧、摄影师、演员等各类主创人员进行精心筛选与合理匹配。这不仅要求导演熟悉并了解各工种的工作内涵与特色，还需具备出色的判断力，能够识别并挖掘各类成员在项目组中的潜力。此外，导演还需展现出较高的协调能力和管理技巧，能够处理各部门间随时发生的冲突和问题，确保项目的顺利进行，并保持与团队成员的良性沟通，积极吸纳各方的优秀建议，以确保创作的多元化和丰富性。

2.对创作风格的决策

导演还应做出关于作品艺术风格的决策。在项目启动之初，导演便应结合其相关的实践经验与知识积累，合理评估该项目与其个人风格和能力的契合程度，并对剧本进行必要的选择与调整。在这一环节，导演需要综合考虑故事内容、美学塑造、情节发展等各个方面。而进入创作流程之后，导演也需深入参与如演员选角、美术置景、摄影拍摄（涉及构图、镜头型号、运动、角度及灯光效果等）、后期剪辑以及视觉效果等各工作环节，并根据预期的创作效果进行合理安排，而非被客观现实条件所左右。

优秀的导演可媲美一位技艺精湛的大厨。在熟知制作流程的基础之上，他们还需融入一份"灵感"佐料，适时控制"火候"，巧妙地将手中的普通素材进行有机结合，从而烹饪出一道道精美诱人的影像佳肴。这一过程亦充分彰显了导演所独具的艺术风格与特色。

（三）电影作者论

电影作者论（Auteur Theory）是电影史上重要的电影理论，源自法国新浪潮运动时期，后被美国电影评论家安德鲁·萨里斯（Andrew Sarris）引入美国。该理论着重强调导演在电影创作中的核心地位，将导演视为电影的真正缔造者。电影作者论认为，电影如同文学作品、音乐作品和美术作品一样，是导演个人的艺术创作。这一观点凸显了导演在电影创作过程中的主导地位。

然而，并非所有导演都能跻身"作者"之列。只有具备深厚艺术造诣和独特创作风格的导演，才能创作出真正意义上的"作者电影"，且往往能够融入其独特的个人风格，对影片的艺术效果产生决定性影响。以弗朗西斯·福特·科波拉（Francis Ford Coppola）为例，他在初涉电影行业时即能在剧本创作、演员表演、摄影布景、音乐选用等各个创作环节展现出卓越的能力和领导力。他在代表作"教父"系列三部曲（1972—1990）中，巧妙运用特写、长镜头、移动镜头、画面构图和色彩搭配等技巧（见图4-1），深刻挖掘故事内涵，塑造出丰满的角色形象，以独特的视觉风格和精湛的导演手法，赢得了观众的广泛赞誉，为观众带来了生动而富有张力的影像体验。

图 4-1　科波拉在代表作《教父》中创造性地运用了明暗对比及光影效果，
增强了影片的艺术表现力

作者电影，又称艺术片，与类型电影形成鲜明对比。在欧美电影界，具有显著影响力的电影作者包括法国导演让-吕克·戈达尔（Jean-Luc Godard）与弗朗索瓦·特吕弗（François Truffaut），美国导演斯坦利·库布里克（Stanley Kubrick）、克里斯托弗·诺兰（Christopher Nolan）与马丁·斯科塞斯（Martin Scorsese），英国导演阿尔弗雷德·希区柯克（Alfred Hitchcock），意大利裔导演费德里科·费里尼（Federico Fellini）与米开朗基罗·安东尼奥尼（Michelangelo Antonioni），以及苏联导演安德烈·塔科夫斯基（Andrei Tarkovsky）和瑞典导演英格玛·伯格曼（Ernst Ingmar Bergman）等。而在华语电影领域，同样涌现出一批杰出的电影作者，如王家卫、侯孝贤、贾樟柯、杨德昌、刁亦男和蔡明亮等。这些电影作者以其独特的艺术风格和深刻的思想内涵，为电影艺术的发展做出了重要贡献。

三、工具思维

工具思维指的是充分利用各种数字影像制作工具和软件，发挥其功能和特点，实现对影片的创意表达和技术实现。

（一）具体表现

数字影像是一种技术密集化的创作类型，需要借助各类先进的技术与专业工具来实现。其制作过程涉及计算机图形学、视觉效果、动画制作及摄影等多个技术领域，需要依托专业的软件工具和硬件设备来实现。

在数字影像制作领域，创作者需要活用工具思维，科学合理地选用相应的技术工具，以达成影像创作的预期目标。具体而言，摄影技术是实拍类影像创作的基础，为捕捉真实世界的瞬间提供了可能。同时，数字视效技术增强了影像表现层次，为观众带来了震撼的视觉体验，而其背后计算机图形学的不断发展更是为相关创作提供了动画、建模及渲染等核心技术支持，确保了虚拟场景和角色的逼真呈现。此外，高性能计算机和专业摄影设备等硬件设备，及专业的软件工具如Adobe系列、Maya、Nuke等，都为数字影像创作提供了必要的支撑。这些工具与设备的运用，使得创作者能够更加高效、精准地实现创意和构思。

以短片制作为例，创作者需借助Adobe Premiere Pro或Final Cut Pro等视频编辑软件，对影片进行精细的剪辑与处理。而特效师则需运用Adobe After Effects或Nuke等专业特效软件，以完成特效的制作与合成工作。这些现代化的技术工具拓宽了创作的边界，成为连接影像技术与艺术的重要桥梁。

随着数字技术的日益精进，我国的数字影像制作工具也在不断升级换代，为创作者提供了更为广阔的艺术舞台。在特效制作领域，手工绘制和模型制作的旧有模式正在全面转向3D建模和计算机渲染技术，实现了视觉效果的巨大飞跃。这种技术工具的升级与变革，为创作者带来了无限的创作灵感和可能性，为数字创意产业的蓬勃发展注入了强大的动力。

（二）实际案例

从传统胶片与模拟影像时期，到现代的高清数字化影像时期，一代代创作者凭借对各类工具与技术的精湛掌握和灵活应用，持续挖掘并创新了影像表达手法与艺术风格。越来越多的创作者不再满足于传统的制作手法，开始尝试运用现代技术工具来表达艺术创意，积极探索新的影像语言和表达方式。基于对艺术创作的深入追求，他们推动了影视技术的不断革新，进而构建了良性发展的生态系统。

比如，美国导演乔治·卢卡斯（George Lucas）是现代数字影像制作的杰出先驱，以其开创性的作品"星球大战"系列（自1977年起）引领了科幻电影的潮流，并在视觉效果基础方面做出了卓越贡献。他于1971年创立的工业光魔（ILM）工作室成为影视特效行业的代表，其代表性技术涵盖了模型制作、影视特效、数字视效等多个领域。新西兰导演彼得·杰克逊（Peter Jackson）导演的"指环王"系列三部曲（2001—2003）不仅在电影艺术上取得了巨大成功，更在技术应用上实现了突破，对电影视效行业产生了深远影响。其创立的制作公司维塔数码（Weta Digital，成立于1993年）掌握了数字角色建模、动作捕捉等核心技术，不仅提升了电影视效的真实感和表现力，更为电影制作行业树立了新的技术标杆。加拿大导演詹姆斯·卡梅隆（James Cameron）的经典作品《阿凡达》（2009）取得了3D摄影系统和虚拟摄影等技术上的突破性进展，这一成果正是由其自发创立的制作公司光影风暴娱乐公司（Lightstorm Entertainment）完成（见图4-2）。

图 4-2　行业中著名的影视特效公司及其参与创作的相应电影作品

此外，如美国导演史蒂文·斯皮尔伯格（Steven Spielberg）、迈克尔·贝（Michael Bay），我国导演郭帆、田晓鹏、乌尔善、路阳等也均在作品中呈现了相应的技术革新和艺术风格。他们的作品不仅给观众带来了震撼的视听体验，也推动了数字影像制作技术的不断发展和创新。

第二节　创作要点

数字影像领域涵盖了丰富多样的创作方式，通常情况下需要运用多种数字媒体技术，将静态或动态的数字图像呈现于不同尺寸的屏幕媒介之上，旨在传递情感、信息和艺术理念。无论是动画、短视频、微纪录片、电影、电视剧还是其他形式的影视作品，都需要经过一系列相互关联的复杂创作阶段才能够完成。总体来看，其中包含脚本创作、角色与场景设计、音效及配乐制作、后期剪辑等具体方面。

一、脚本

在数字影像领域，脚本指的是与创作相关的文字描述，涵盖了对话、场景描绘以及角色动作等核心要素的文学性信息。其重要职责在于对影像内容中的情节、场景和角色进行全面规划与组织，是导演与制作团队厘清故事情节、安排拍摄顺序的重要参考与指导文件。编写清晰、合理的脚本，能够有效提升数字影像作品的制作效率与质量。

（一）影视剧本

在各种数字影像作品中，脚本阶段所承载的含义、发挥的作用以及实施的具体做法存在一定差异。

在电影、电视剧等影视作品中，通常会使用剧本（Script）一词来描述作品的文本内容，在动画领域，也用"文字剧本"（文学剧本）来进行描述。在西方电影行业中，有时也会使用英文"Screenplay"来表示。影视剧本通常以"场"（场景）为单位来组织内容。每个场景代表着剧情中的一个特定地点和时间段，通常包含着一系列相关的事件和对话。在写作中，一般需要包含场景描述、台词、旁白、动作、转场、镜头说明等要素。其中，场景描述指的是这场戏发生的时间、地点、氛围以及角色的动作和情感状态等（见图4-3）。

剧本创作的职责一般由编剧承担。与常规小说不同，剧本对场次与段落的划分有着严格的要求。每一个段落都需要详尽地描绘出时间、地点、人物以及事件等一系列细节，这些元素共同构成了故事的展开方式，也是导演后续进行分镜头工作的依据。在创作过程中，编剧需要全面考虑角色的个性特点、内心情感以及行为动机等诸多方面，同时精心策划情节的推进与转变，确保整个故事线索既紧凑又连贯。此外，编剧还需注重不同场景间的顺畅过渡与衔接，结合对镜头语言、音乐及特效等艺术手段的理解，以影像化的方式进行思考与写作。

8.　火车内，日，内

林明刚刚结束一通电话，握着手机从车厢连接处返回座位，心情兴奋。他看向窗外，窗外风景迅速掠过。

林明（自言自语）：终于要见到她了，好久没见了。

车厢内的乘客忙着玩手机、看书或闭目养神。林明的父亲坐在对面的座位上，低头搓着自己的手，心事重重，神情有些忧郁。

林明：爸，想啥呢？

父亲（欲言又止）：没事，没事。

林明：累的话就睡一会儿，到了那边还有挺多事要忙。

父亲：不累，没啥可累的。

说完话，父亲拉下车窗上的遮光帘，把头偏向一侧，叹了一口气。

9.　车站内，日，外

火车缓缓停在车站，林明跟着人流走出车站，拨打电话给朋友。父亲脚步滞重，跟在林明的身后，不时环顾四周，显得有些手足无措。

林明放下行李，打电话：喂喂，小云，我到了，你在哪里？

小云在电话里回应。林明不断点头，挂下电话，回头看向父亲。

林明：快点呀，人家等咱们呢。

父亲：着啥急！

林明：刚刚让你睡觉，偏不睡，现在又这么磨蹭。

林明抢过父亲手里的包，提起地上的行李，快步向前走。

10.　酒吧中，夜，内

舞池中，灯光迷离，年轻男女伴随着电子乐舞动，林晓也在其中忘我地舞蹈。文峰在舞池边的吧台边坐着，手握一瓶啤酒，冷静地看着林晓。

下一刻，林晓结束了舞蹈，走向文峰身旁。

林晓：干吗呀，来了也不玩，喝闷酒呀？

文峰没有抬头，林晓调皮地抢过文峰手中的酒瓶，推对方的肩膀，想吸引他的注意。

文峰：我跟你说个事儿。

林晓：什么事儿，非得现在说呀？

文峰：嗯。和你哥哥有关。

11.　商场门口，日，外

林明与小云从商场中走出，林明手里提着一些刚买的东西，两人边走边聊。

小云：你发现这两年，这附近有什么变化吗？

林明（环顾四周）：好像街道变得更破旧了一些，其他的没什么变化。

小云指了指路边一位衣衫褴褛的乞丐，他正坐在地上，手里拿着一个破旧的纸杯。

林明和小云走到乞丐面前，拿出钱包给了他一些钱。

乞丐：谢谢你们，郎才女貌，好人呀。

林明和小云互相看了一下，相视一笑，小云害羞地低下头。

12.　公路上，夜，外

林晓在大街上失魂落魄地走着，掏出手机想要打电话，但犹豫了一下又放回包里，继续向前走，边走边开始掩面哭泣。

图 4–3　常见的影视剧本样式及其构成

（二）其他影像类型中的脚本

在动画类的数字影像中，除了剧本，也通常会以大纲（Outline）、文字性分镜脚本等方式展现所需的文本内容。大纲可以提供作品的整体框架和主要情节，而文字性分镜脚本则用于描述每一场景的具体内容。这些文本形式有助于指导动画师、美术师和其他创作人员理解故事情节、场景设定和角色表现，从而更好地进行动画制作。

而在短视频或纪录片中，有时不会设计十分详细的脚本，可能会采用策划或拍摄计划的方式来对后续创作进行指导。比如，纪录片通常采用文字描述和拍摄计划表相结合的形式，便于拍摄和制作人员参考作品的主题、情节、拍摄场景等内容，同时也方便创作团队灵活应对真实场景的变化和意外情况。

在较大体量的作品创作中，脚本阶段也会涉及具体的角色小传（Character Outline）、情节（Plot）、角色台词本（Dialogue Script）等相关内容，以更加具体的形式来辅助创作人员理解作品全貌并指导后续的创作。这些文本内容可以帮助创作者更好地把握故事情节、角色性格和对白，确保整个作品的表现力和连贯性。

二、概念设计

数字影像的概念设计，即在构思数字影像作品之初，对整体构思进行系统性规划与设计的关键阶段。此阶段的核心目标在于确立作品的根本理念、核心主题、独特风格及视觉呈现方式，为后续制作流程提供指导和依据。

概念设计是数字影像创作流程中的关键环节，如果将脚本比作草稿，那么概念设计则如同工程的蓝图，能够通过视觉化的形式全面展示出作品的整体构想和视觉设计的核心特点。在影像内容日趋丰富、同质化竞争激烈的当下，概念设计不仅承载着将精巧构思转化为影像的重任，还是实现影像"造梦"功能的关键。特别是在科幻、奇幻、历史等各类具体题材中，概念设计更是成为凸显作品差异化和创新性的重要手段。因此，在当下的数字影像行业中，概念设计的地位日益凸显。

在不同的影像艺术作品中，概念设计的具体呈现形式各具特色。但总体而言，可将其概括为世界观设计、场景设计以及角色设计等方面。

（一）世界观设计

世界观设计一般出现在具有一定虚构性质的影视作品中，尤其在动画、神话传说和幻想类题材（如科幻、奇幻等）作品中显得尤为重要。这些作品往往具有丰富的故事性和广阔的想象空间，通过精心构建的世界观，为观众带来独特的视觉体验。值得注意的是，在纪录片等非虚构类影像中通常不涉及世界观设计。这类作品更注重现实主义的呈现，通过记录真实事件和人物，为观众带来深刻的思考和启示。

在进行世界观设计时，创作者需要全面考虑故事发生的时代背景、地理环境、文化体系、科技水平以及社会结构等多个方面，确保所构建的世界观符合逻辑、严谨且准确。同时，创作者还需注重作品的叙事框架，使世界观与故事情节紧密相连，为观众呈现一个完整、连贯的虚拟世界。

比如，在著名科幻电影《黑客帝国》（1999）中，创作者建构了一个以未来科技和虚拟现实为核心的虚构世界，人类被禁锢在一个由绿色"代码雨"编织而成的巨大电脑程序中，这一设定巧妙地将观众带入了一个充满深思与幻想的视觉领域。同样地，在电影《阿凡达》（2009）中，创作者通过世界观设计所呈现的潘多拉星球与纳美族文化，为情节的后续发展建设了一个较为完善的底层逻辑，向影片中人类与纳美人的矛盾冲突、科技与自然力量的对抗提供了有力的叙事支撑。

（二）场景设计

场景贯穿于整部作品，指故事发生的场所与角色表演和活动的特定空间，能够给予观众全方位的直观体验，也承载着对叙事时空等信息进行补充的重要功能。因此，场景设计在影像作品中扮演着至关重要的角色。从角色所处的自然环境、社会环境到历史背景，再到场景中的道具和陈设，甚至是静态的群众角色，都是场景设计的组成部分（见图4-4）。

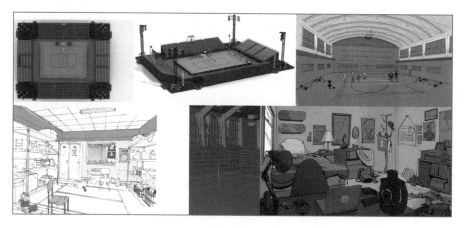

图 4-4　场景设计的相关示例（作者：王粟萌、范中原、王一安）

1. 场景设计的作用

场景设计的目的是为主角提供一个真实可信的表演舞台，因此其设计必须是合理的。创作者需要确保相关设计的构成、风格与剧情密切相关，并符合角色行为的逻辑，为角色搭建表演的舞台空间。这个空间不仅包括单个镜头画面中的具体场景，还要考虑到前后相连镜头之间所涉及的时间要素，从而营造出连贯、合理且引人入胜的叙事效果。此外，场景设计过程中还需注意透视关系的准确性，尽量营造出更加丰富的层次感，同时也要控制呈现的力度，不能"喧宾夺主"，保持与作品整体视觉风格的一致性。

在某些情况下，场景甚至能以"空镜头"的形式独立出现，通过影像语言的独特表达实现叙事功能。因此，场景设计对于影像作品的成功至关重要，它不仅能够提升作品的视觉美感，还能增强故事的吸引力和感染力，为观众带来更加深入和沉浸式的观影体验。

2. 场景设计的工作方式

根据不同的表现手法，场景设计可被呈现为写实主义、装饰主义及实验性等不同风格。而从制作手法的维度来看，实景拍摄、计算机生成以及传统手绘等均可成为其实现方式。近年来，随着计算机图像技术的飞速发展，二维及三维软件在场景设计中的应用越发广泛。

　　在影视、游戏等叙事媒介中，场景设计占据了至关重要的地位。它负责构建故事发生的时空背景，展现特定的季节与时段，营造恰如其分的氛围，并塑造深入人心的角色形象。在场景设计的前期阶段，设计师通常会绘制相应的"气氛图"，对所需呈现的效果进行视觉化呈现。气氛图可以帮助制作人员更直观地了解场景的氛围和情感，从而指导后续的制作。

　　场景设计处于作品制作的最前端，是一项极为复杂的工作，需要综合考虑时间、地点、光影、色彩、情节逻辑、角色心理等诸多因素，还要在设计之前进行包括研究剧本、调研资料、搜集素材等充分的准备工作。由于其专业性和复杂性，对设计人员的素质要求较高，不仅需具备深厚的造型能力，还需了解影像制作的技术，并能够与导演、编剧、摄影师等其他工作人员进行有效的沟通与配合。

（三）角色设计

　　角色设计，即在影视、游戏、动漫等创作环节中，根据特定需求，创造出具备独特外貌、性格特征以及行为模式的角色形象的过程。这一过程的主要目的在于通过形象化的手法，塑造出个性鲜明、与故事情节发展紧密结合的角色，从而提升作品的吸引力和表现力（见图4-5）。

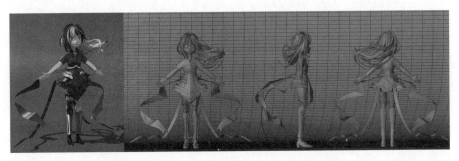

图4-5　角色设计的相关示例（作者：杨舒涵）

1.角色设计的类型

在创作工作中，角色设计是一项至关重要的任务，直接关系到观众的接受度和作品的市场表现。角色设计不仅包括角色的外貌造型、服装配饰、面部表情等方面，还涉及角色的背景故事、性格特点、心理特征，同时也需要对角色与其他角色之间的关系和互动方式进行设计。

根据角色设计的造型风格，可以将其划分为写实型、拟人型和虚幻型等。这些类型在角色设计中各有其特点和表现形式，为影视、游戏、动画等领域提供了丰富的创作灵感。

（1）写实型

写实型角色设计追求真实感和可信度，注重细节和比例的准确性，力求呈现角色的真实形象。

（2）拟人型

拟人型角色在动画、游戏以及科幻、奇幻类影视作品中较为常见，通常让动物或物品身着人类的服装，并对相关形态、动作进行夸张变形，并赋予其人类的表情与情感特征，从而更容易与观众产生共鸣。

（3）虚幻型

虚幻型角色也常见于上述幻想类题材的作品中，多用于人们心中虚构的神话或怪兽等形象，一般需要在设计风格上突破日常化的束缚，创造出超现实的视觉效果。

这些类型并不是互相排斥的，而是可以相互融合和交叉使用，创造出更加丰富多彩的角色形象。在实际应用中，设计师需要根据作品的整体风格和需求，选择适合的角色设计类型。

2.角色设计的媒介特征

根据不同的媒介特点与受众需求，角色设计的要点也有所区别。

（1）影视剧中的角色设计

在电影、电视剧和剧情类短片等类型中，角色设计主要服务于剧情发展，需要紧密贴合故事情节。创作者需根据角色定位，结合演员特点，有针对性地调整角色设计方向，以展现最符合剧情的形象。在此类作品中，角色设计的风格虽可多样化，但必须受限于故事背景及世界观设定。尤其在采取实拍类方式制作的影视作品中，过于复杂和夸张的角色设计可能难以实现最佳呈现效果，且涉及更高成本的制作要求，如特效化妆、三维建模、机械控制、动作捕捉等。

（2）动画与游戏中的角色设计

在动画和游戏设计领域，作品的风格化程度往往更为显著，因此可以接受更加大胆且丰富的设计思路。以动画角色为例，其角色动作与行为通常不受严格的现实条件束缚，其外貌、造型、动作与神态均可进行适度的夸张处理。此外，设计师还可以将动物、神话人物、物品等赋予人的特性，将其作为动画角色，以增加作品的多样性和趣味性。

在游戏设计中，除了关注角色的外貌和造型，还需要考虑角色的可操作性。游戏角色应当能够方便地被玩家操控，以便玩家能够顺利地完成游戏交互流程。这一点对于提升游戏体验和吸引玩家至关重要。

3.角色设计的流程

在创作工作中，角色设计师必须首先深入了解角色的定位、性格特点、外貌特征等核心要素，并以此为基础展开创意构思。在此过程中，角色设计师可通过绘制角色设计草图的方式，与其他工作人员进行视觉反馈与交流，以便及时调整和优化设计方案。

完成设计草图后，角色设计师需对角色形象进行进一步的细化和完善。这包括但不限于调整角色轮廓、制作相关材质与色彩设计、配色方案等。此外，还需提供角色的三视图，包括正视图、侧视图和背视图，并着重进行躯体、头、手等重点部位的转面设计，以呈现角色在不同角度（一般包含正、正侧45°、侧、背侧45°、背这5个角度）的效果。同时，还需设定角色的表情和动作，特别是要体现出角色的性格化动作，以展现其独特魅力。

此外，角色设计师还需为动画角色设计服装、发型、配饰和道具等，以提升角色的视觉效果，在此基础上，考虑不同角色造型的搭配组合，并绘制相应的角色立绘、效果图等，并与核心创作团队一起反复观察角色设计的整体效果，确保设计方案符合预期目标。当最终设计完成后，角色设计师需将设计稿进行妥善保存，以备后续制作工作的参考和指导。

三、声音设计

声音设计是指运用录音、编辑、处理及混音等专业技术手段，为影视作品、动画、游戏等提供声音素材的创作过程。该过程旨在构建富含情感、营造氛围、叙述故事的声音环境，使观众得以更深刻地沉浸在作品所构筑的世界之中，从而提升作品的视听感受与表现力。

数字影像作品中的声音主要包含以下三种类型：人声、音乐以及音效。

（一）人声

人声，指在数字影像作品中呈现的人类声音元素，包括角色的表演对白（Dialogue）、配音、旁白（Voiceover），以及其他与人类声音相关的音频内容。在电影、电视剧、动画等各类视听作品中，人声都在传递情感、推动剧情发展中起着不可或缺的作用。

1.对白

对白，即角色间的交流对话，是叙事类数字影像作品中不可或缺的叙事要素。对白的设计在剧本中的台词设定阶段便开始进行，同时需要配合演员或配音员的表演进行演绎，需要结合角色的性格特征、情绪状态以及情节的内在逻辑进行灵活调整，以保证叙事的自然流畅。

2.旁白与解说

旁白与解说常作为一种来自画外（Off Screen）的声音元素出现在各类作品中。它们或扮演着全局性的旁观者的角色对事件进行解释说明，或采用剧中人物的心理描绘与内心独白的形式，旨在提供背景信息，推动故事情节发展，弥补逻辑上的不足，从而帮助观众更好地理解故事内涵。此外，旁白与解说还在增强作品情感化表达方面发挥着不可或缺的作用。

3.非语言人声

非语言人声（Nonverbal Voice）同样在影视作品中扮演着不可或缺的角色，对于营造生动、真实的场景氛围起着重要作用。非语言人声不同于人物对话或旁白等具有逻辑性的语言内容，主要指的是那些传达情感、描绘场景或事件的人声元素。这些元素可能包括人物的呓语、尖叫、呼吸声、哭声与笑声、叹息声、吞咽声等。通过与背景音乐、环境音效等其他声音元素进行巧妙结合，非语言人声能够辅助营造出特定的场景氛围，进而增强观众的沉浸感和代入感。

（二）音乐

音乐本身就是一种独特的艺术形式，能够凭借声音元素的巧妙组合，呈现出各具特色的旋律、节奏、音色与和声，不仅能够表达情感，营造氛围，还能够传递思想与观念，使人们在音乐中感受到无尽的魅力。在数字影像作品中，音乐也是十分重要的组成部分，通常是通过音乐作曲与音频制作技术创作、录制和编辑的，与画面紧密结合，共同构成视听语言的重要元素。

影片中的音乐可以是原创作曲，也可以是在获得授权许可后，对已有音乐作品进行编辑，并根据不同场景和情节的需要进行选择和配合。这样的音乐设计，旨在提升影片的艺术效果，增强观众的观赏体验。

1.音乐设计的重要性

无论是原创还是基于现有作品的改编，优秀的音乐设计都是作品美学层面的重要组成部分。声音信息本身具备某种作用于人的潜意识的功能，往往可以在不知不觉之间影响到观众的情绪。因此，在情感表现方面，音乐不仅能够为画面提供信息补充与说明（如呈现出某种时代感、民族特色，或与画面中的某种声源进行匹配），更能深入触动观众内心，传达那些难以言表的情感要素。比如，创作者可以运用带有舒缓、愤怒、紧张、喜悦、悲伤等不同情感基调的音乐，有效地刻画角色心理层面的特殊状态。在叙事层面，音乐还能够有效弥补因镜头剪切而造成的空间不连续感，帮助观众在特定事件、角色状态、情绪阐释等方面获得更准确的信息，从而起到叙事提示的作用。此外，音乐还可以通过其结构性的复用、变奏、对位等策略，形成声音叙事上的形式感与统一感，进一步强化作品的美学表达。

2.音乐设计的类型

从声画空间关系来看，音乐可分为画内音乐（On Screen Music）与画外音乐（Off Screen Music）两类。画内音乐，即在画面中能够明确辨识出声源的音乐类型，例如，小提琴演奏者的画面伴随着悠扬的琴声，或是演唱者的歌声与画面配合等。而画外音乐是指那些并非源自画面中可见声源的音乐，例如，在恋人分手的场景中出现的忧伤的流行歌曲等，通常用于表现特殊场景或角色的心理活动和情感，因此又被称为功能性音乐或主观性音乐。

从具体的结构与作用来看，音乐又可分为片头与片尾音乐、主题音乐、背景音乐及插曲等类型。主题音乐在作品中具有独特地位，能够起到表达主题思想、概括基本情绪、刻画角色性格、呈现作品整体风格的作用，并通常会在整部作品中反复出现并贯穿全片。因此，在主题音乐的设计中，需注重使其具备鲜明的辨识度和强烈的表现力，使其与作品主题及整体风格的走向相统一。除了为影片整体设计的主题音乐，还有专门为特定角色设计的主题音乐，这些音乐一般会与角色的性格和心理状态相匹配，并在每次角色出场时同步出现，比如，当威武的英雄主角团登场亮相时，会出现一段震撼人心的交响乐声等。这种巧妙的声音设计，能够使特定角色的形象更加丰满和立体，从而为观众带来更加富有层次的观赏体验。

（三）音效

音效设计指设计师运用自然环境声、人造声以及音乐片段等多种声音素材，以提升影像视听感受、丰富作品情感表达为目的，对声音元素进行创作和设计的过程及手段。

音效，全称为"声音效果"（Sound Effects），是指在影像作品中除人声与音乐之外所呈现出的各类声音。这些声音在影像的时空关系中占有重要地位，对于提升影片的真实感和观赏体验具有关键作用。它们能够将观众更加深入地引入影片所营造的情境中，增强沉浸感。

1.音效的类型

根据功能与特点的不同，音效可分为环境音效、动作音效及效果音效等类型。其中，环境音效涵盖范围广泛，包括自然界音效与生活环境音效两大类。常见的雷声、雨声、鸟鸣声、海浪声等属于自然界音效，而机械声、人群熙攘声、厨房炒菜声等属于生活环境音效。动作音效则涉及人或动物行为所产生的声音效果，如打斗声、书写声、上下楼梯声、跳跃声、走路奔跑的脚步声等。而效果音效更多地与叙事中的特定情节与效果相对应，例如爆炸声、枪击声、电流声以及模拟眩晕感受的类似耳鸣的声音等。

2.音效的制作

音效的制作通常采用多种方法，包括同期声录音（Production Track）、非同期声录音、音效素材库、拟音（Foley）、采样以及合成器等手段。这些方法各有特点，可以根据具体需求选择适合的方式。

现实世界中环境音效的录制相对容易实现，因为这些声音自然而然地存在于我们的周围，某些来不及录制的声音也可以通过录音棚、现场演绎补录等非同期声的方式进行采集。

然而，正如人物对白的录制有时也要依靠后期配音一样，在某些情况下，为了获得理想的声音效果，可能需要采用相应的制作手段进行辅助。特别是当涉及角色动作和特殊表现效果时，同期声录制可能无法满足需求。

因此，创作者可以灵活选择商业或免费音效库中的素材，并根据实际需求直接使用，或进行编辑调整。这种策略能有效节约制作经费和创作时间。同时，对于科幻类、奇幻类以及心理层面的声音效果等难以找到或现实世界中不存在的声音，可以使用合成器、数字音频等手段进行创造。此外，在音效制作领域，还有许多专业的拟音艺术家，他们能够巧妙地运用各类道具和材料，模拟出如脚步、摩擦、击打、碰撞等逼真的声音，用以替换或增强表演中人物动作所呈现的声音效果。

音效制作是一门综合性的艺术，要求音效制作人员既要结合实际情况，又要发挥创意，运用不同的技术手段，以达到最佳的艺术效果。

第三节　应用发展

数字影像自初创期至今，经历了由探索成长到成熟定型这一漫长的过程。其间，得益于影像技术的持续创新及众多实践领域创作者的努力，数字影像相关行业逐渐形成了全面而高效的制作理念、技术体系、方法论和操作流程。这些成果为数字影像在多个领域的广泛应用提供了坚实的技术支撑和理论基础。

一、生产模式

近年来，数字影像制作与传播的核心场域已经逐渐由传统媒体转向新媒体。在这一过程中，数字相机、智能手机和视频编辑软件等数字技术与相关硬件的飞速发展和广泛普及，为普通用户提供了影像制作的便捷途径。因此，多种具体的生产形态应运而生，为数字影像的创作与传播注入了新的活力。

根据不同的数字影像内容生产主体，可将其划分为专业生产内容与用户生成内容两种基本类型。

（一）专业生产内容

专业生产内容，简称PGC（Professional Generated Content），是一种由具备专业技能与经验的内容创作者、生产机构或团队主导内容生产的模式。

此种模式在当前行业内占据着较为重要的地位，是高质量内容产出的核心方式。专业的内容生产者，诸如专业记者、编辑、摄影师、编剧等，他们通常需要接受系统的教育和培训，以专业的视角进行内容的创作与生产。他们所产出的内容，不仅质量上乘，而且版权归属明确，多数归属于专业公司或团队。这些专业的内容生产者背后往往拥有强大的资源支持，能够应对高额的成本和漫长的制作周期。

以电影和电视剧制作为例，这些内容通常需要专门的资金机构投资，由专业电视台或具备丰富行业经验的影视公司进行承制，并需要导演、编剧、摄影师等专职团队成员参与制作，因此往往能够获得出色的呈现效果。PGC模式所产出的高质量内容，不仅适合在传统媒体上发布，也适合在网络平台等更广泛的渠道进行传播。

（二）用户生成内容

用户生成内容，简称UGC（User Generated Content），是指广大普通用户自主创作并上传内容的形式，因此无须专业的内容生产者或机构的参与。与PGC模式相比，UGC模式能够更真实地反映用户的生活和观点，展现出强烈的个性化和多元化特征。

该模式的内容涵盖了社交媒体上的文字、图片、视频、博客、评论等形式。其来源广泛、形式多样，且内容真实性较高，能够真实反映用户的个人观点和情感，如用户在微博、微信等社交媒体平台上上传的自制短视频等。相关内容不仅包含了用户原创的影像内容，也包含了其对某些活动、事件及产品的主动评论和体验分享等。

（三）新型内容生产形态

随着社交媒体的蓬勃发展，以用户为中心的内容分享平台建设日趋完善。日益丰富的"网生"内容（互联网上产生并传播的各种数字化内容）催生了众多创新的生产模式。其中，将PGC与UGC相结合的共创式内容生产模式，即CUC模式（Content-User-Contributed Content，内容—用户—贡献内容），已成为行业的新趋势。这种模式在保障内容质量的同时，也充分满足了用户的个性化需求。

在数字影像领域，以哔哩哔哩（bilibili）为代表的视频分享网站，不仅为众多创作者提供了内容分享平台，还通过合作推广、付费订阅、内容监制与共同出品等方式拓展了优质的创作群体，以提升平台内容的质量与影响力。例如，哔哩哔哩平台具有较好的内容管理能力，可以综合运用数据分析等手段对内容创作水平明显高于普通用户的UP主（创作者）进行鉴别和筛选，并积极地为他们提供培养机会和资源支持，进而建立紧密的合作关系，共创高质量的内容。这种策略不仅丰富了平台的内容生态，也促进了创作者与平台之间的共同成长。

二、行业现状

数字影像是现代文化产业的核心组成部分，具备广阔的发展前景与巨大的市场潜力。具体而言，数字影像行业涵盖了网络视频、数字电影、数字电视、数字广告、游戏产业、交互艺术等诸多领域，并在科技进步和数字化技术的推动下进一步拓展其应用范畴。目前，数字影像的传播媒介越发丰富，传播效率得到了极大提升，受众范围也在不断扩大。

（一）播出屏幕

数字影像的信息构成涵盖了视觉与听觉两个层面。在完成影像内容合理设计的同时，还需要审慎选择具体的播放平台，以及考虑如何确保影像在相应的观看环境下能呈现出最佳效果。具体而言，这需要我们根据影像适配的屏幕尺寸来进行划分，以保证观众能获得最佳的视觉体验。

1.移动式小型屏幕

这种播出形式主要的场域是具备移动互联网功能的小型屏幕设备，例如智能手机、平板电脑以及便携式笔记本电脑等。这些设备体积小巧、轻便易携，且多数配备了相应的控制设备，如触控板或鼠标等，使用户能够方便地进行操作。此外，有些设备还具备了屏幕点击或滑动等手势操作的交互功能，进一步提升了用户体验的便捷性和高效性。

移动式小型屏幕因其便携性和互动性特质，赋予了用户随时随地欣赏数字影像的能力。在实际生活中，这类屏幕的应用场景极为丰富，不仅适用于室内环境，也适用于户外场景。例如，在公共交通工具上的短暂休息时段、各类公共空间的等待区域，以及在各种社交活动中的闲暇间隙等，能够充分利用用户的各种碎片时间。同时，由于移动式小型屏幕能与互联网连接，用户可以利用搜索、查询等功能，进一步提升个性化的观看体验。因此，在相应的播放环境下，短视频、微电影等时长较短且娱乐性强的数字影像内容最为适宜。

在众多移动式小型屏幕中，智能手机占据了主导地位。为了适应智能手机播放环境，新型视频格式如竖屏视频（Vertical Video）和方形视频（Square Video）应运而生，这些格式专为移动设备观看而设计，不仅充分利用了屏幕的纵向空间，而且在构图上更加合理，能够有效吸引观众的注意力，为用户提供了更为舒适自然的观影体验。

2.固定式中大型屏幕

这种播出形式广泛适用于室内外多种环境，包括但不限于家庭、办公区域、商业设施等，涵盖了具有稳定安装位置的各类屏幕设备。这些设备可能包括电视屏幕、投影仪、LED显示屏（发光二极管）、电影院银幕以及户外大型广告屏等，提供了多样化的播出选择。

最为常见的固定式屏幕是室内环境中的电视屏幕与投影屏幕，它们一般属于中型屏幕大小，尺寸通常以对角线长度为单位进行描述，单位为英寸（Inch）。常见的电视屏幕尺寸有32英寸、55英寸、65英寸等，常见的投影屏幕尺寸包括60英寸、80英寸、120英寸等。在不同的品牌和用途下，电视屏幕与投影屏幕的分辨率、亮度、对比度等显示技术因素均有所不同，因此价格也存在差异。

随着数字技术与电子屏幕技术的不断进步，目前中大型屏幕亦逐步整合了网络应用功能，如数字电视、高清网络电视等。相较于移动式小型屏幕，中大型屏幕因其更大的物理尺寸，提供了更宽广的视野，适宜于公共观看、大环境观看或远距离观看的场景。同时，这些屏幕常采用先进的显示技术（如LED、OLED等），拥有高分辨率，能呈现出清晰细腻的画面细节和生动逼真的影像效果。因此，它们尤其适用于播出需要长时间观看或对画面呈现效果有较高要求的内容，如电影、电视剧、电视节目、纪录片等。

3.沉浸式交互屏幕

这种播出形式是一种结合数字影像技术和交互技术的创新模式，需配备特定的显示设备以提供沉浸式体验。为保证其正常运行，需配置相应的软硬件支撑条件，并与增强现实、虚拟现实等技术或传感器摄像头等外接设备配合使用。这种配置旨在为用户打造更为沉浸、富有交互功能的观影体验，满足用户对高质量视觉享受的需求。

在具体应用上，沉浸式交互屏幕可被细分为增强现实、虚拟现实、全息投影显示、互动电子墙屏幕等多个类别。例如，Apple Vision Pro、Magic Leap One、Microsoft HoloLens 2等头戴式显示器设备，均集成了虚拟现实功能。这些设备通过计算机算法、相关技术和深度传感器的协同工作，使用户能够体验到高度沉浸的虚拟环境，并感受到虚拟图像与现实世界的融合，为用户提供更加丰富的体验。

（二）相关职业

数字影像制作涉及多个环节，包括拍摄、后期剪辑、特效制作、音频处理等，因此通常会由专门的团队或个人负责各个环节，实现专业化的分工。

1.创意类职业分工

该分类在影像创作方面的配置需求与传统方式基本相同，主要涵盖导演（Director）、编剧（Screenwriter）、美术指导（Art Director）等核心人员。

在这一流程中，根据不同的数字影像创作需求，各职业的角色与重要性也会有所变化。例如，在广告、幻想类题材的影视作品中，美术创意能力的重要性尤为突出，服装设计师（Costume Designer）、道具师（Props Master）、化妆师（Makeup Artist）、摄影师（Cinematographer）等职业可以在这一环节中发挥着核心作用。他们与导演和其他创意团队成员紧密协作，共同创造出富有创意和独特风格的影片作品，为观众带来视觉和听觉的双重享受。

2.技术类职业分工

该类人员专指在创作流程中能够熟练运用各类技术与工具，以辅助数字影像制作的专业人士。具体而言，可涵盖摄影、音频处理、视觉效果等多个领域的相关技术人员。

摄影师是兼具创意类与技术类职业分工特点的岗位。从创意类角度来看，摄影师与导演紧密合作，共同塑造影片的视觉风格，通过独特的镜头语言为观众带来全新的视觉体验。而从技术类角度来看，摄影师还需具备全面的技术能力，以应对摄影过程中可能出现的各种技术难题。在摄影相关的工作团队中，摄影助理（Camera Assistant）、灯光师（Gaffer）、照明助理（Lighting Assistant）和摄影棚技术员（Studio Technician）等角色各自发挥着不可或缺的作用。随着数字摄影的兴起，数字影像技师（Digital Imaging Technician，简称DIT）也是其中不可或缺的岗位，主要负责确保数字摄影机的正常运作，调整图像参数，管理储存媒介和拍摄素材，为摄影师提供相关的技术支持。他们的角色与计算机行业中的计算机工程师类似，不仅需要掌握数字摄影机的操作方法，还能够在必要时对摄影机进行精确的设置和调试，确保摄影工作顺利进行。

视效艺术家（Visual Effects Artist）同样是数字影像制作中的一种十分重要的技术类职业。他们普遍掌握多种专业软件，可以根据导演和制片人的需求，创造出影片所需的各类视觉效果，如CG动画、特殊场景合成等。在视效制作的相关分工中，视效技术师（Visual Effects Technical Director）则拥有更深入的软件与工具知识，能够有针对性地解决技术难题。部分专业团队不仅可以优化并专门研发相关技术流程，甚至还能编写符合创作需求的软件工具，从而有针对性地提升影片后期制作的效率。

三、时代发展

数字影像是一种具有先进性、前沿性特征的影像形态，充分展现了影像技术发展的创新潜力，为艺术家和创作者提供了更广阔的创作空间。近年来，虚拟现实和人工智能等先进技术在影像处理中的融合应用，进一步丰富了数字影像的艺术表现力和创意深度，体现了技术与艺术的相互促进，为影像领域的繁荣和发展注入了新的活力。总体而言，数字影像的时代发展体现为其社会化和产业化两大方面。

（一）数字影像的社会化

随着现代社会数字信息化程度的不断推进，社交媒体已成为人们社会交往的重要场域。在全球范围内，活跃的社交媒体对"Z世代"和"千禧一代"等青年群体的生活方式产生了深远影响，也为数字影像类的艺术作品提供了更广阔的展示平台。艺术家能够运用技术手段将创意和想象转化为现实，探索并创造新的艺术形式和表达方式，为来自不同文化背景的人们建设交流和理解的桥梁，推动文化间的对话与融合。

各类社交媒体虽形态各异，却共同具备强大的影像展示功能，如可以通过图片、动态图像、短视频、界面交互等多种方式实现对信息的可视化传达。具体来看，抖音、小红书、TikTok、IG Reels等热门的国内外社交媒体应用，都具备较完善的影像制作与分享功能，吸引了用户大量时间的投入，反映了公众对影像内容的浓厚兴趣。目前，形态短、内容集中、富有视觉冲击力的短视频更受青睐，相应的观看量大约达到了长视频内容的三倍。随着影像内容的日益丰富、便捷、清晰、交互性增强，用户将更容易受到社交媒体的影响，并直接在相关应用中完成信息交互、公共决策、社交化购物等一系列行为，进而对整个社会的生产和消费模式产生深远影响。在此背景下，基于"影像社交"的文化消费和电子商务领域已成为影响未来经济发展的关键因素。

此外，数字影像的迅速传播也对文化交流与社会进步起到了积极的推动作用。借助互联网与社交媒体平台，人们能够轻松地分享自己创作的数字影像作品，这不仅拓宽了不同文化间的交流渠道，也丰富了全球范围内的文化多样性与艺术互动。同时，数字影像在教育、科研等领域也得到了广泛应用，从而提升了信息传递与知识共享的效率。

（二）数字影像的产业化

作为一种高效的信息传输与表达方式，数字影像已在艺术、商业、教育、医疗、科技等众多社会领域得到了广泛应用。如今，随着社交媒体和在线平台的兴起，各类影像产品得以更迅速地传播和分享至全球各地。

数字影像具有跨行业、多领域的综合性特点。随着科技水平的进步，图像处理、视觉效果、虚拟现实等多样化前沿技术已经在数字影像相关领域中得到了广泛融合应用。数字影像的产业化发展不仅体现为传统影视行业的转型升级，更具体呈现为在技术创新与规模拓展趋势下的多领域价值。

在产业生态层面，数字影像不仅深入了日常生活的方方面面，甚至也在工程建设和军事领域中发挥着重要作用。在每个具体领域中，都涵盖硬件设备、软件开发、内容创作、市场调研、配套服务、产品营销等各个环节，形成了一套完备的产业链。在数字影像产业中，新兴业态如在线视频平台、虚拟现实娱乐、数字艺术展览等蓬勃发展，为数字影像产业注入了新的活力。随着产业市场规模的不断拓展，越来越多的企业和资本融入该领域，也创造了更多垂直细分、更具发展潜力的就业机会。

在人才需求与专业发展的视角下，数字影像产业的进步离不开那些既掌握技术又通晓艺术的创新型专业人才，需要他们不仅熟悉计算机等新媒体设计工具，还能够利用这些工具进行艺术作品的创作。随着数字媒体艺术和新媒体艺术等专业领域的不断发展，其专业与相关学科影响力逐渐扩大。这些领域的毕业生通常都具备数字影像设计的创新思维和制作能力，他们熟练掌握相关技术工具，并具备深厚的美学素养，能够紧跟技术发展和艺术潮流，不断学习和吸收新的知识与技能。同时，他们还应具备运用跨学科知识解决实际问题的能力，为行业发展贡献力量，能够在广告、电影制作、游戏开发、虚拟现实等多个行业领域发挥重要作用。截至2023年，我国已有216所高校开设了数字媒体艺术专业，为数字影像产业输送了大量高素质人才，为产业的未来发展奠定了坚实的基础。

第四节　AIGC 与影像创作 *

随着人工智能技术的不断发展，AIGC（Artificial Intelligence Generated Content，人工智能生成内容）逐渐成为影像创作领域的一种重要工具，可以快速生成高质量的场景、角色形象、特效等，从而大大缩短了制作周期和成本。

一、AIGC 的内涵

AIGC，指由人工智能技术生成内容的方式，一般通过运用生成对抗网络（GAN）、循环神经网络（RNN）、大型预训练模型等先进的机器学习和深度学习技术，根据特定指令生成新内容。AIGC技术能够通过对现有数据的学习，结合其强大的泛化能力，生成包括文本、图像、音频、视频等多

---

　　* 本节资料整理：罗栋仁、李晋羽。

种形式的内容。随着算法和相关技术的不断更新迭代，AIGC的功能也在持续优化，目前在影视创作等众多领域展现出广阔的应用前景。

人工智能技术在内容生产领域的应用，可追溯到20世纪五六十年代计算机科学领域的初步探索。在进入21世纪之前，尽管人工智能的概念已经提出，并陆续涌现出相应的系统和算法，但尚未实现真正的智能化创作。自2010年之后，随着生成对抗网络等先进模型的诞生，AIGC领域迎来了快速发展的时期。在这一阶段，众多国际知名企业，如IBM、DeepMind、OpenAI、谷歌（Google）、英伟达（NVIDIA）、英特尔（Intel）以及微软（Microsoft）等，纷纷以不同方式积极投身于相关的研究与贡献，推动了人工智能技术在内容生产领域的深入应用与发展。

二、AIGC的创作优势

在智能创作的新时代，数字影像创作者得以借助先进的AIGC工具，实现以下关键进步。

（一）提升内容创作效率

AIGC技术的核心理念是利用人工智能算法生成富有创意和质量的内容。其显著优势是能够辅助创作者迅速进行多种尝试与验证，同时比较众多可能的设计方案。因此，AIGC技术不仅有效取代了创作中的重复性环节，而且将创意构思过程与制作实现过程相分离，借助丰富的智能生成产物为创作者反向提供创作思路与灵感，提升了整体的创作效率。

（二）拓展内容创作边界

AIGC技术需要涉及对庞大数据集的学习与分析。随着越来越多用户采纳相关技术，其本身也日趋成熟并不断迭代优化，这使得AI系统逐渐掌握了理解与更新内容的能力。此外，AIGC技术能够在综合海量训练数据和模型的基础上，提供丰富的随机性效果，激发创作者探索全新的、前所未有的创意。这一进步有助于拓展想象的边界，从而生成更为丰富和多样化的内容。

三、AIGC的应用与发展

AIGC技术的涌现，为内容生产与创作领域带来了前所未有的变革。其自动化与智能化的特性，极大地优化了内容生产流程，提升了生产效率，缩短了内容迭代的周期。这不仅满足了当下人们高效的信息消费需求，也推动了影像创作行业的创新与发展。目前，AIGC技术已广泛应用于影像创作的多个领域。

（一）图像生成与处理

在数字影像等创意行业，AIGC图像生产类技术的应用最为广泛。目前，主流的AI绘画应用包括Stable Diffusion、Midjourney和DALL-E 2等。在视频生成领域，新兴的应用如Runway、Sora等不断涌现。基于这些创新技术，国内外越来越多的新型应用载体也开始涉足这一工具领域，共同推动该领域的发展。

利用AI工具生成的图像能够在影像作品的概念设计环节发挥重要作用，能够为概念设计师提供场景、角色及道具设计方案的灵感；同时，在三维建模、材质贴图、数字绘景等阶段，AI工具也能够承担风格化探索与资产建设的诸多功能。此外，AI也在图像编辑方面展现出了巨大的潜力，能够快速辅助创作者进行区域内容填充、修补、调整、替换、风格迁移（指将一幅图像的风格应用到另一幅图像上，以产生新的合成图像）等操作，并已经被集成到Adobe Photoshop等行业主流的绘画软件中。

尽管由 AI 绘制的图像在画面的逻辑性部分还有待加强，且在人物表现上仍有一定的进步空间，但 AIGC 类型的图像生成与编辑已经展现出了巨大的发展潜力，并在影视创作行业中得到了广泛应用。

（二）主题探索与剧本创意

AIGC 领域的相关技术同样为文字内容创作提供了有力的支持。比如，编剧与策划师可以充分利用如 ChatGPT 等 AIGC 工具，通过规定创作主题、关键词、相关情景、文稿容量及格式等要素，生成丰富多样的故事情节与创意。此外，在角色设定环节，这些工具同样能够为创作者提供包括人物外貌描述、背景故事等在内的一系列设计参考。

这些工具通过对大量文字数据进行深度学习和分析，能够结合已有剧本文本的特征，为创作者提供有针对性的写作建议。同时，它们还能够对剧本草稿进行自动化调整和修改，从而极大地提升创作的效率和质量。

（三）后期制作与视觉效果

目前，在影视后期制作领域，已经出现了能够紧密结合创作需求生成模型与动画效果的 AIGC 类应用。除此之外，一些应用还能够生成许多具有随机特性的视觉效果元素，包括逼真的爆炸火焰、烟雾、天气效果以及不同场景的光环境效果等，极大地提升了三维建模与数字化资产建设的工作效率，简化了相关的制作流程，释放了设计师的劳动力，使他们能够聚焦于更为精细和复杂的创作环节，从而提升了整体产出质量。

在影视制作过程中，AIGC 应用还能辅助创作者完成声音设计的工作。如网易公司的"网易天音"AI 音乐创作平台便利用了人工智能技术，允许用户通过输入简单的图片或关键词生成展现相关情感和风格的音乐作品，还可以按照用户反馈完成改进和调整。此外，一些 AIGC 应用还能协助设计师完成智能化的交互环节与对话设计、语音生成（包含由文本到语音合成及语音克隆）、字幕生成、视觉信息纠错、修复与增强等工作。随着技术的不断进步，一些应用程序还具备自动分析大量影视类作品并在此基础上进行自动剪辑的功能。这些功能极大地方便了短视频内容的快速生产，展现出了极高的实用性价值。

（四）AIGC的发展趋势

AIGC技术可以自动化和优化内容创作过程，从而提高生产效率。然而，由于当前技术发展的局限性以及训练数据质量与数量的限制，所生成的内容有时会出现不稳定的情况。因此，仍需要人类艺术家和创作者的指导与监督。

总体而言，AIGC技术对影像创作领域产生了深远的影响。通过利用人工智能技术，影像创作者能够更快速地生成场景、角色形象、视觉效果等，从而降低了人工操作的成本和错误率。此外，AIGC技术还能根据用户需求进行定制化生产，满足不同领域和平台的需求，进一步拓展了影像创作的市场覆盖面。在AIGC技术的不断创新推动下，传统创意产业的生态正在经历一定程度的变革。这既给传统类型的创作者带来了就业压力，也为新型的创作者提供了多样化的发展空间。但与此同时，这一技术的发展也带来了一系列道德与伦理问题，如数据采集过程中的信息操纵与隐私问题、内容归属权与版权问题等。目前，尚未有更加合理的法律政策来对此进行规范。因此，创作者及相关从业者需合理利用这些技术，以最大化其积极的影响。

第五章　数字影像创作流程

本章导读

　　数字影像是一种涉及多个专业领域的现代视觉产品形态，往往需要借助复杂多元化的团队协同作业。尽管各种具体类型的创作方式各有特点，但普遍会强调多工种协作的高效性和流程衔接的紧密性。本章将围绕几种典型数字影像类型的创作前期、中期、后期阶段，对相关短片作品的创作进行全流程的具体剖析，重点关注动画短片、非虚构类短片、剧情类短片、数字影像广告以及交互式影像等五种类型。

第一节　动画短片创作 *

动画创作流程与所选形式密切相关，各类技术细节及操作方式因形式不同而有所差异。然而，从总体上看，动画类作品普遍具备再造性特征，这使其仍然可以根据类似的分工和协作方法进行创作，例如，平面动画、三维动画以及立体动画在制作过程中均存在一定程度的相似性。

动画短片的创作可分为前期、中期和后期三个阶段。前期阶段一般涵盖策划、剧本创作、概念设计以及分镜故事板等。中期阶段需要结合具体的动画类型选择对应的工作流程。后期阶段主要涉及合成、剪辑等环节。

一、前期阶段

动画短片创作前期工作的主要目标是制订后续创作的实施方案。这个阶段一般包括创意策划、概念设计（含世界观设计、角色设计与场景设计）、剧本写作、故事板和分镜设计等环节。

（一）概念设计

概念设计是前期创作过程中的关键步骤。创作者在此过程中需全面把握动画短片的核心主题、故事发生的时空背景及时代特征、角色设计（涵盖角色外观、性格特点以及角色之间的相互关系）、场景设计（故事呈现的核心环境与舞台空间，含室内与室外场景与主要道具等）、影像视觉风格等部分。在概念设计阶段（见图5-1），通过导演与设计师的紧密协作，

---

* 本节资料整理：杨舒涵。

可以初步搭建动画短片的视觉与叙事景观，从而有效指导后续生产工作。

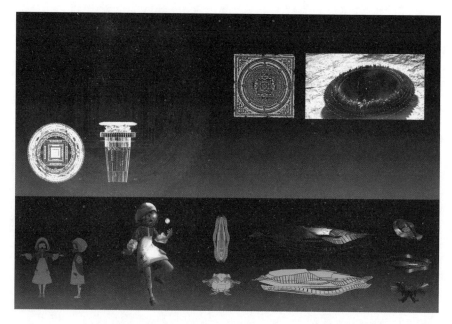

图 5-1　"奇点奖"全球幻想世界观概念艺术大赛金奖作品《悉达多》（2021）
部分场景和角色设计（作者：谢梓安、邵卓、李晋羽）

（二）故事板和分镜设计

为了更有条理地梳理创作思路并与其他团队成员沟通交流，导演需要根据影片逻辑编制一份"过程文件"，将文字剧本转化为视觉叙事，精细规划各镜头的构图、角色布局以及主要动作，该方式就是绘制故事板与制定分镜设计。

1.绘制故事板

故事板（Storyboard）也可被称为分镜脚本，是将剧本转化为视觉形式的至关重要的初始步骤。在此阶段，导演可根据剧本将具体画面分解为文字版的分镜设计，随后借助手绘或各类制图软件工具，以简洁的视觉化方式展现包括角色动作、表情、场景布局以及相机运动等关键要素，常见于动画与影视拍摄。故事板犹如动画成片的"草稿"，便于创作团队成员之间进行讨论和修改。对于动画故事板而言，画面的呈现至关重要，但其关键并不在于绘画技巧或精致描绘，而是力求简洁、明确地呈现影像创意，类似于一份"说明书"。

根据展示方式的不同，故事板或分镜脚本的设计有所区别（见图5-2）。可以采取图文结合的方式、纵向呈现多个镜头画面（常见于日本动画工作流程），或以单个画面为分界点进行更为精细的排列（常见于西方工作流程），核心目标是通过一系列连续的画面展现其视觉叙事，以帮助创作团队理解影片的叙事结构、场景布局、镜头转换以及动作序列等。每个画面均代表特定的镜头或场景，通常包含镜头编号、镜头类型、镜头时长、角色表演、相机动作以及关键的背景元素等。

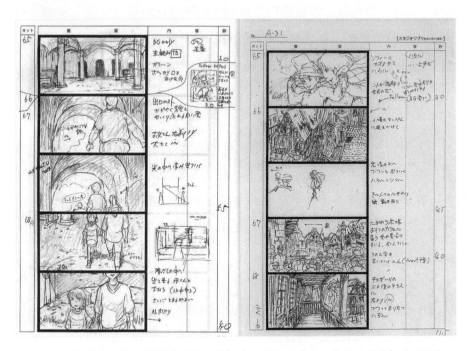

图 5-2　宫崎骏为动画电影《千与千寻》（左图）、《哈尔的移动城堡》（右图）
创作的分镜脚本手稿

2.制作动态分镜

在影片的故事板或分镜脚本绘制完成后，部分动画短片需将已形成的静态视觉资料依据影片的时间节奏转化为动态视频序列，此过程被称为动态分镜（Animatic）。动态分镜一般需借助软件协同操作，通过简洁的动作示意及音频元素（如对白、音乐和音效）配合画面进行表达，这一成果有助于导演和制作团队更精确地理解和规划最终产品的视觉效果、节奏和时间安排，从而预览动画或电影的制作流程。

二、中期阶段

在前期阶段完成后，动画短片便可步入中期"动画资产"（Animation Assets）的建设环节，即需要构建和制作动画项目的所有元素与资源。动画资产的种类繁多，包括但不限于角色模型、背景、纹理、道具、动画剪辑、声音效果、音乐以及任何其他创造动画世界的素材。

（一）中期制作的总体步骤

依据动画类型的多样性，中期制作的具体方法也各有特色，但总体而言，主要包括以下几个步骤：资产创建、资产导入及资产处理。

在资产创建环节，各种动画制作方法各有特点。例如，平面动画需经历手绘草图、线稿等步骤，而立体动画、传统手绘动画以及数字三维动画则分别涉及拍摄、绘制和建模等环节。

在资产导入环节，传统动画制作过程相对烦琐，手绘或定格动画需要借助照相机、扫描仪等设备，将纸张上的绘画或拍摄手工制作的模型照片以图像素材的方式录入计算机进行处理。而数字类型的动画资产（如数字图像、三维模型等）则直接在计算机内部完成，或从项目素材库中提取。若需新增资产，则依据前期概念设计中的三视图等具有明确空间关系的图纸进行绘制或建模。

在资产处理环节，通常需根据镜号或场景、角色进行分类归档。在此过程中，应重视文件命名、格式和类别的规范，以便更好地整理资产库。

（二）传统手绘动画中期制作

传统手绘动画中期制作阶段的核心环节包括原画设计、背景绘制、修型、动画、动检（动画检查）、上色处理以及拍摄环节（见图5-3）。依据不同的制作方法，也会呈现出相应的特征。

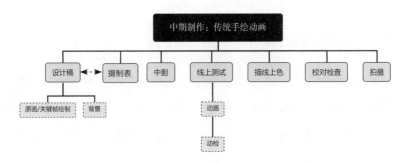

图 5-3 传统手绘动画的中期制作流程

例如，按照传统手绘动画中的赛璐珞流程（指将角色等动态元素绘制在透明赛璐珞胶片上，并将其置于背景之上的传统制作方法），其中期制作环节可大致分为以下阶段：

1.原画/关键帧（Keyframes）绘制

用于标识角色或物体动作的起始、终止及关键转折点。

2.摄制表

绘制分镜，决定具体的场景号、镜号、景别、摄法、长度、内容和音效等信息。

3.中割（Inbetweening）

中割即绘制动作的中间帧（指两个关键帧之间的中间图像），以创建连贯、平滑、流畅自然的动画效果。

4.背景

在赛璐珞胶片上绘制背景。

5.描线上色

将确定好的线稿背景进行描线和上色。

6.线上测试

将分层的赛璐珞胶片组合在一起,通过预拍摄进行动作等方面的测试。

7.校对检查

完成上述步骤后进行校对检查。

(三)三维动画中期制作

在数字动画领域,二维动画的制作过程与传统手绘动画方式相似,主要包括从绘制原画/关键帧到上色等一系列步骤,不同的是,这些步骤大多在数字化制作环境中进行。相较而言,三维动画的中期制作流程更具特殊性,基本思路是在三维软件中完成角色、场景等素材的构建,类似于在三维空间中创建一个虚拟摄影棚,完成所需"被摄对象"的构建,再利用软件中的虚拟摄影机"拍摄"(渲染)影片(见图5-4)。

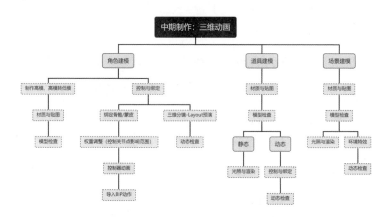

图5-4 三维动画的中期制作流程

1. 建模

在三维软件中进行角色和场景的模型搭建。可以合理利用素材库辅助建设场景与道具等模型，需要结合角色等参照物的比例对模型进行合理调整。

2. 高模转低模（High Poly to Low Poly Conversion）

将高精度的模型重拓扑[①]后，将高多边形（高细节）模型转换为低多边形（低细节）版本，以优化渲染和实时渲染等制作性能，同时尽可能保留原始模型的视觉特征。

3. 纹理贴图

用于给三维模型添加表面细节，以实现更加逼真和详细的视觉效果。需要通过手绘、摄影、程序生成等方式，在纹理绘制软件（如Substance 3D Painter等）中进行制作，赋予贴图相应的颜色和肌理质感等。

4. UV映射（UV Mapping）

将二维纹理图像映射至三维模型表面坐标系统，其中"U"与"V"分别代表纹理图像的水平和垂直坐标轴，相当于二维空间中的"X"与"Y"。借助UV映射，实现模型各点与纹理图像特定点的相互关联，从而精确地将纹理图像贴合至模型表面，为模型赋予色彩、材质及细节。整个操作流程包括展开、切割缝合、布局优化以及纹理贴图等环节。

5. 绑定骨骼（Rigging）

通过构建一系列骨骼结构、控制器（用于操控骨骼的界面）以及其他辅助对象，为角色模型赋予"骨架"，从而使角色"活化"，实现对角色移动、动作表现及动作范围的调控。在完成骨骼搭建之后，需将角色模型与骨骼进行绑定。

---

① 重拓扑（Retopology），指三维软件中，在原模型的基础上进行重新绘制，调整三维模型的结构排列，创建一个在拓扑结构上更为简洁和高效、拥有更少顶点的网格，在保留模型细节的同时产生低面数的模型。方便后续环节中高级动画的制作。

6. 权重蒙皮（Weighted Skinning）

此过程涉及将三维模型的几何网格（皮肤）附着至骨骼，并为其分配影响权重（模型的每个顶点受相应骨骼影响的程度），以确保在骨骼进行动作时，模型表面能够准确地随之变形。权重越高，骨骼对相应顶点的影响越大。为了确保动画效果的合理性，需要不断进行权重调整，查看影响范围是否正确，直至达到较为理想的程度。调节权重的过程通常被称为"刷权重"。

7. 动画制作

动画师依托控制器进行操作，驱动绑定技术，对模型实施移动、旋转及变形等动画效果。

8. 渲染（Rending）

指将三维模型、场景布局、纹理、光照设置和动画数据转换成最终的图像或动画序列的过程。在最终渲染阶段，动画工程师可根据需求，选择最为适用的三维软件内置的渲染器。不同的渲染工具能够带来各具特色的渲染效果。目前，如Blender软件中的Cycles、Eevee，Maya软件中的Arnold、Maya Software等，均能够呈现较好的效果。此外，亦可选用第三方渲染引擎，如V-Ray、Redshift、RenderMan等。根据项目类型及渲染需求选择合适的渲染器，可显著提高工作效率及输出质量。

近年来，虚幻引擎（Unreal Engine，简称UE）在包含三维动画在内的影视制作领域得到了广泛应用（见图5-5）。这款软件工具具备了较为先进的图形技术，能够基于物理的光栅化和光线追踪渲染，实现动画效果与渲染速度的提升。

此外，三维动画领域的非真实感绘制技术（Non-photorealistic rendering，简称NPR）也已广泛应用于动画制作（见图5-6），这种技术亦被称为卡通渲染技术或三渲二技术。其价值体现在利用计算机技术对复杂图形进行简化和归纳，同时可以模拟人手绘的视觉风格。例如，Fortiche工作室制作的动画剧集《英雄联盟：双城之战》（2019）以及梦工厂出品的动画电影《穿靴子的猫2》（2022）均采用了这一技术。

图 5-5　虚幻引擎操作界面

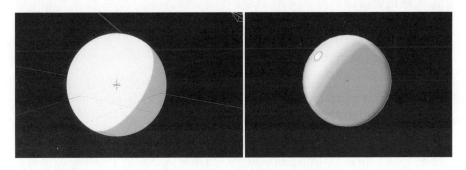

图 5-6　三渲二技术的两种不同呈现效果

（四）立体动画中期制作

立体动画在制作流程上兼具摄影实拍与动画生成二者的优势，它的呈现效果主要取决于实景模型制作的质量、摄影设备与技术的水平以及在后期合成过程中对所需效果的精准把控。具体来看，立体动画的中期制作有以下步骤。

1.场景、角色模型设计与制作

根据故事情节和创意需求，设计并制作相应的模型实体，包括角色、背景、道具等。

2.摄影布景

在拍摄设备前设置好布景与灯光。

3.拍摄

调试摄影参数，固定好拍摄设备，进行逐帧动画拍摄，每一帧均需对具有动态表现的模型位置及姿态进行精细调整。

4.回放检查

拍摄过程中需定期回放拍摄的素材并进行检查，保证模型摆放位置与接续动作的连贯性，以及所拍摄素材的清晰度、完整性、一致性，及时发现问题并进行必要的调整。

5.数据管理

妥善管理和备份拍摄产生的图片文件。以镜头或场景为单位对文件进行命名、分类、归档和存储。

三、后期阶段

在完成了初步设计和中期制作后，创作者已经获得了制作动画短片所需的所有元素，并正式进入了后期整理和影片输出的阶段。在数字影像动画领域，这一阶段需要依赖计算机软件来完成。后期阶段的目标是对所有已收集的素材进行整合，并根据预设的要求进行剪辑和输出。

（一）主要环节

后期制作环节包括剪辑、视觉效果（Visual Effects，简称VFX，指利用CG工具生成如爆炸、魔法效果、天气变化等效果）、画面处理与色彩校正（调节影像色彩平衡、亮度与对比度等）、合成（Compositing，将多个渲染层合并成最终影像）、音频制作（含音频清理、混音、平衡、音乐、音效制作等）、输出和编码（使影像符合播出与投放标准）等步骤。同时，需调整作品总时长，确保符合规定要求。

（二）常见工作方式

动画制作后期阶段的核心环节包括剪辑、视觉效果合成以及图像校正等。这些环节的共同目标是遵循动画创意逻辑，查漏补缺，对影像素材进行精细化处理，根据需求添加相应内容，从而提升成片的氛围感和画面质感。常见的工作方法如下。

1.解算（三维动画）

在三维软件中对真实物理效果进行模拟，创造更加逼真的视觉效果。

2.灯光和渲染（数字动画）

设计灯光效果，调整光照、阴影和反射，选择合适的软件工具，调节渲染参数，进行最终渲染。

3.图像处理

按需对所取得的动画资产素材进行进一步色彩校正、亮度与对比度调整等，确保呈现最佳效果。

4.视觉效果与合成

通过运用如粒子发射器等软件工具生成如烟雾、火焰、降雨、爆炸、激光等特效资产，将数字图像与实拍素材、三维模型、数字绘景图像、特效及其他元素进行合成，使画面合理且具备所需的影像氛围。

5.动画预览

预览播放逐帧绘制的动画片段，观察节奏及效果并按需调整。

6.剪辑

在遵循动画创意和观看逻辑的基础上，将已制作完成的动画素材以时间轴方式排列，进行声画协同处理，根据需求添加转场与过渡效果，对处理后的图像素材进行编码并导出为符合要求的视频文件。

四、技术工具

在数字化创作环境中，除后期制作中常见的剪辑类软件外，制作各类动画资产所需的计算机软件存在着差异。在此重点探讨二维动画、三维动画及立体动画等三类动画制作中常见的技术工具。

（一）二维动画

二维动画以其高度风格化、平面化和多样化的特色而著称，因此所需的软件应具备卓越的图像表现力和较大的图像编辑自由度，以充分满足创作者在视觉方面的创意发挥（见图5-7、图5-8）。

图 5-7　从左至右分别为 Adobe Animate、Toon Boom Harmony、Clip Studio Paint

图 5-8　从左至右分别为 TVPaint Animation、OpenToonz、CrazyTalk Animator

1. Adobe Animate

软件原名Flash，适用于制作网页动画和交互式内容。

2. Toon Boom Harmony

内置高级骨骼动画工具，适用于制作传统二维动画、剧集、电影和网络动画。

3. Clip Studio Paint

具有精细的画笔工具和自然的画笔效果，支持矢量图层。图像操控的自由度较高。

4. TVPaint Animation

优势是逐帧动画的绘制表达，适用于制作传统手绘的二维动画。

5. OpenToonz

具有骨骼动画支持、自动上色功能，可与其他软件进行较为良好的兼容。

6.CrazyTalk Animator

专注于面部与角色动画，可以根据照片等资料快速创建角色。

（二）三维动画

相较于二维动画形态而言，三维动画制作过程较为复杂，涉及从创建模型到最终渲染的多个步骤，因此所需软件功能更为细分，对安装环境及计算机配置条件的要求也相对较高。通常，此类动画制作要求具备较强的图像处理能力及完善的硬件设施（见图5-9）。

图 5-9　常见的三维软件图示

Substance 3D Painter

Houdini

Zbrush

Unreal Engine

图 5-9　常见的三维软件图示（续）

1. Maya

Autodesk 公司开发的三维建模、动画和渲染软件，在动画和动力学模拟方面功能较为强大，广泛适用于电影、电视和动画专业领域，具有较高的技术难度，能够呈现极具表现力的视觉效果。

2. 3Ds Max

Autodesk 公司开发的三维建模、动画和渲染软件，广泛用于游戏开发、电影制作、建筑可视化等领域，支持多种建模和渲染技术。

3. Blender

免费开源的三维建模和动画软件，在独立动画、电影、游戏领域有着较为广泛的应用，具有包括建模、动画、渲染、材质编辑、粒子系统、物理模拟、动态布料、液体模拟、光照和渲染引擎等丰富的功能。

4. Cinema 4D

由 Maxon 公司研发的三维建模、动画及渲染软件，在广告领域应用广泛，同时亦广泛用于影视与游戏行业，具备简洁明了的用户界面及强大的工具集，能实现与其他软件的无缝协作。

5. Substance 3D Painter

用于纹理绘制和贴图创建的工具，可以创造出逼真的材质和纹理效果，广泛用于游戏开发和影视制作。

6. Houdini

由 SideFX 研发的专业三维动画与视觉效果软件，特点是主要采用了

"节点式"的非线性工作流程，具备强大的图像处理及编辑功能，兼容多种建模方法，适用于特效、仿真及复杂动画制作领域。

7. Zbrush

数字雕刻和绘画软件，用于创建高精度三维模型，广泛应用于角色设计、雕塑和数字化建模领域。

8. Unreal Engine

由 Epic Games 开发的实时三维创作引擎，起初应用于游戏及虚拟现实制作领域，如今已扩展至电影制作、工业设计、建筑设计等多个领域，具备卓越的物理模拟能力和实时渲染技术，能够呈现高质量的视觉效果。

（三）立体动画

在制作立体动画的过程中，需要对真实对象进行逐帧拍摄来创造运动幻觉，因此需要具备较强的资产编辑、处理、自动调节等相关功能。常见的软件制作工具有以下几种（见图5-10）。

1. Dragonframe

专业的立体动画软件，广泛用于制作高质量的立体动画，能够提供丰富的工具来控制摄像机、捕捉逐帧图像，同时具备时间轴、场景编辑等功能。

2. iStop Motion

专为 Mac OS 开发的立体动画制作软件，具备直观易用的界面，具有时间轴、绿幕、实时预览等丰富的功能。

3. Stop Motion Studio

简洁易用、适用于初学者的工具，具有直观的界面和简单的工作流程，可以直接通过手机、平板或连接的摄像头捕捉图片并进行动画制作。

4. AnimatorHD

专业级的立体动画软件，支持高动态范围成像（HDRI），能够使用多种摄像头和图像捕捉设备拍摄高清图像，适用于 Windows 系统操作环境。

图 5-10 分别为 Dragonframe、iStop Motion、Stop Motion Studio、AnimatorHD

第二节 非虚构类短片创作 *

在非虚构类短片中，微纪录片是最为常见的类型。由于主要采用摄影实拍手段，其创作过程与其他实拍型的影像短片大致相同，主要分为前期策划、中期拍摄和后期制作等三个主要阶段。其中，前期策划阶段对非虚构类短片独特性的体现起着较为关键的作用。

一、前期策划阶段

（一）选题策划

非虚构类短片的创作核心在于遵循"真实性"原则。实现这一目标的

---

* 本节资料整理：谢振昊。

关键是选题策划。恰当的选题能够从根本上决定影片内容立意的导向。在此过程中，策划团队需对各类信息材料进行深入梳理，提炼短片的主题方向和创新构思，从而为短片制订具体的创作计划。选题策划书应涵盖以下几个方面（见表5-1）。

表 5-1　选题策划书的构成要点

背景调研	前期规划	团队组建	创作构想	制作准备
背景资料（选题、人物） 田野调查	制作预算 制作周期 播出平台	摄制组成员遴选 划定职责分工 设备与资源	主题立意 影像风格 制作方案	勘景前采 采访提纲 拍摄计划

（二）田野调查

田野调查（Field Research），又称实地研究或现场研究，是一种社会科学的研究手段。它要求研究者深入研究对象所处的自然环境和社会背景，通过观察、访谈和参与活动等方式，收集第一手的数据和信息。这种研究方法不仅在人类学、社会学等领域广泛应用，同时也适用于非虚构类短片的前期策划工作。

通过田野调查，创作者可以更深入地了解选题的社会和文化背景，提前获取必要的创作资料，并与拍摄对象建立有效的联系。在非虚构类短片的前期策划阶段，田野调查包括但不限于文本分析、参与式观察、深度访谈、焦点小组讨论、案例研究和资料梳理等。这些方法可以帮助研究者全面、深入地了解选题的相关情况，为后续的创作提供有力的支撑。

1.参与式观察

参与被拍摄对象的日常生活，细致观察并记录其行为模式，同时对可用于拍摄和采访的环境进行严格筛选。在此基础上，有针对性地制订拍摄的具体方案，梳理不同环境所对应的主要拍摄内容，包括客观纪实、采访等。确保拍摄地点光线充足、环境整洁，且足够安静，以保证画面与声音采集的质量。

2.深度访谈

与主要被摄对象进行一对一的深度访谈，同时辅助以次要被摄对象及相关人员的集体访谈（Group Interviews），获取其个人经历、观点与感受，更深入地了解被摄对象的特性、生活状况和行为逻辑，并与被摄对象建立一定程度的信任和情感联系。

3.资料梳理

在拍摄前，应对与影片主题相关的档案、地方志、个人日记等文献类资料进行深入分析与研究，同时广泛调研书籍、文章、影视作品以及网络资源同类作品等并对相关资料进行整理。提前与被摄对象建立联系，分析其所处的宏观环境与性格特点，寻找合适的叙事切入点。明确拍摄与采访的任务目标、主要内容、摄制周期与节点（时间）以及主要地点（空间），全面了解拍摄场地的物理环境、文化背景以及潜在的拍摄难题，制定具体的数据收集与记录方法。

（三）拍摄计划

在完成选题策划和必要的调查研究之后，创作团队需据此制订一份详尽的拍摄计划，以确保项目稳步推进。一份出色的拍摄计划有助于团队高效协同作业，同时可以在时间和资源受限的情况下，最大限度地提升拍摄成果。

1.拍摄周期表

拍摄周期表又被称为拍摄时间表，是一份对整体拍摄活动进行有序策划与安排的文件，根据项目的复杂度、预算、团队规模和可用资源的不同而各具特点，但一般需要包括前期准备、场地勘察和预拍、主体拍摄等任务的具体时间阶段，以及分阶段拟拍摄的内容（包括时间、地点与人员分工）、具体环节的调控、跟踪拍摄特定事件的段落等。

2. 拍摄日志

拍摄日志是一种有效的项目管理手段，用于详细记录拍摄过程中每日发生的各项活动与注意事项。它不仅有助于制作团队实时掌控进度，也可在后期制作阶段提供丰富的信息来源，以便反馈拍摄细节、解决剪辑中遇到的难题，并为未来的项目积累经验教训。拍摄日志通常涵盖分场景拍摄日期、地点、团队成员等基本信息，以及拍摄内容、器材与设备、问题事件及解决方案等，方便创作者进行查阅（见图5-11）。

拍摄日志　　标题：

拍摄日期：　　场地：　　操作员

摄影机序号：　　媒体 ID：

机位	镜头	描述及评论	时：分：秒
			： ：
			： ：
			： ：
			： ：
			： ：

图 5-11　拍摄日志模板示例

3. 采访提纲

对于非虚构类短片的创作者而言，在访谈中捕捉并还原真实的情感现场是一项重要的课题。创作者需深入了解受访者在特定时刻的心理状态、行为动机以及真实感受，并通过精心设计的问题触及人性的深层内涵。如图5-12所示，采访应聚焦于事件，但又不能仅停留在对事件的简单陈述。在与受访者面对面交流时，需根据具体的叙事逻辑进行有针对性的设计，既要阐释行为要素（如何实施），也要深入剖析心理动机（为何采取此种行为）。

图 5-12　采访策划流程

采访提纲是指导对话并确保采访内容符合创作主题与目标的重要工具，它能对现场采访的要点、流程与节奏起到提示作用，有助于掌控整体采访方向及确保关键细节不被遗漏。一份优秀的采访提纲既需具备足够的灵活性以适应对话的自然发展，也要确保涵盖所有重要议题（见图5-13）。

采访提纲模板

概况： 介绍受访者的基本信息，包括姓名、职业、背景等。

主题和目的： 阐明本次采访的主题和目的，并解释选择该主题的原因。

细节问题： 使受访者深入地了解主题、引导受访者进行相关内容的探讨。以职业类话题为例，可参考问题如：您做这行多久了？喜欢目前的工作吗？这份工作哪里吸引了您？开始是怎么做的？有没有遇到什么困难？家人对您的选择是否理解？以后的职业发展规划是什么？

开放性问题： 通常涉及个人看法、经验和感受，使受访者能够表达自己的观点和想法。例如：您如何看待当前的工作？您对未来有什么计划？

深入问题： 按照实际情况，根据受访者的回答进一步追问，深入了解其观点和具体理由，并按需对相应的情景进行描述。准备一些深入问题可以更好地引导对话，并获得更详细的信息。

图 5-13　采访提纲模板示例

然而，在实际采访过程中，即使已制定出详尽的提纲，也不应机械地遵循书面文字及预设问题进行提问。采访的价值恰恰在于其开放性，需要根据现场具体情况灵活调整，适度增删问题并掌控采访节奏，避免提出封闭式问题（导向"是"或"否"的答案），鼓励受访者详细阐述他们的观点，但在涉及个人隐私或敏感话题时需对采访对象保持尊重。

（四）组建摄制团队

非虚构类短片以其精炼简约的创作特性，无须配备如同专业剧组一般的完整制作阵容。只要团队中有导演、摄影师和录音师等三个关键角色，便可完成基础的短片制作。有时甚至存在着导演身兼摄影师的情况。以下将详细介绍这三种角色的主要职责划分（见表5-2）。

表5-2 初级阶段摄制组职能分工表

职务	导演	摄影师	录音师
具体职能	● 发起调研工作 ● 决定影片选题方向 ● 制订拍摄计划 ● 组建摄制团队 ● 组织现场工作 ● 监督后期剪辑	● 测试并管理摄影器材 ● 前期勘景 ● 配合导演设计拍摄方案 ● 控制现场灯光、机位、运动，保证影像质量 ● 素材存储与备份	● 测试并管理录音设备 ● 制订人声（采访）、环境声录制方案 ● 现场录音，麦克风尽量靠近音源、监听声音平衡、避免人影或器材穿帮、主动捕捉现场环境声与音效 ● 素材存储与备份
人员配置	1名，通常兼任采访	1—2名，有时由导演兼任	1—2名，有时由摄影师/导演兼任

二、中期拍摄阶段

（一）人物拍摄

1.内容构成

人物访谈：通过对拍摄视角、机位、景别及构图方式的精准把握与创新运用，展现人物独特魅力。需重视拍摄环境与背景的选择，为画面提供丰富的补充信息。

人物行为：运用人物生活场景及拍摄现场的各类元素，合理设计若干事件推进叙事发展，在不违背创作伦理的基础上充分展现矛盾冲突，使主题元素更加鲜明，叙事线索更为清晰。

人物特征：关注并记录人物在生活环境中的行为表现，捕捉过程中的相关突发事件及具有冲击力的宝贵瞬间，深入思考充分展现人物性格与生存状况的镜头设计。

2.人声录音

人声录音可分为两类：带场景的同期人声以及采访交流时的非语言人声。同期人声是塑造真实人物的关键手段。与经过编剧和设计的故事片台词不同，非虚构类短片中的人物语言是其自然产生的行为。通过具体内容和说话方式，观众可以推测出其态度、状态、心情，甚至是瞬间的心理活动，这有助于观众对人物进行深入了解。另一种人声是采访交流时的非语言人声，这也是塑造真实人物的常用手段。与人物同期声类似，在采访过程中不同受访者对问题的回应、语气和表达方式，有助于观众在心中构建起受访者的人物性格，进而理解其人物形象。

3.环境选择

在进行涉及人物采访、行为记录以及特定人物特写镜头的拍摄时，对拍摄环境的要求相对较高。为确保拍摄效果，拍摄前应对照以下问题展开实地勘查：

（1）环境是否足够安静？

（2）光线是否充足？

（3）场景是否能使被摄对象感到自如放松？

（4）是否能有力地衬托出被摄对象的现实处境？

（5）是否有利于表达主题和烘托人物？

（6）是否能够激发人物的真情实感？

在常规的采访拍摄过程中，摄影焦点主要集中在人物面部，使背景产生虚化效果。这种手法可以使画面主体鲜明，简洁明了，同时勾勒出若隐若现的轮廓和信息。若追求更为纪实的效果、展示人物与环境之间的紧密关系，则可以让人物置身于真实环境中进行采访，并使用大景深镜头（Deep Focus Shot，指景物清晰的范围大、画面中从最近到最远处的对象都能保持清晰的效果）。此外，若需使用灯光，还要额外掌握灯光布置的相关知识（见表5-3）。

表5-3 人物拍摄常用光的投射方向及其作用

顺光	人物阴影较少，偏平面化，缺点是易产生僵化呆板印象
逆光	造成剪影效果，难以辨识主体细节，具有悬念感和戏剧张力
侧光	人物立体，层次分明、对比突出，具有严峻感，具有一定戏剧张力
底光	具有戏剧张力，呈现非常规状态，能够表达恐惧或狰狞的效果
顶光	具有戏剧张力，呈现非常规状态，但人物易显得扁平，缺乏中间层次，容易凸显面部缺点

（二）空镜头拍摄

空镜头（Empty Shot或Empty Frame）是一种在影视创作中经常使用的镜头设计技巧，指画面中未出现相关角色或行动者的镜头。空镜头通过展示环境、背景或具体物件，有助于引导观众注意力，并提供了更丰富的情境认知与思考空间。此技巧通常用于营造特定氛围、加深叙事层次，或为故事后续发展奠定基础。

1.内容构成

非虚构类短片拍摄注重"空镜不空"的原则，指在拍摄时不局限于纯空镜头，而是在画面和声音中展现生动且丰富的信息。其关键在于发掘被摄对象与信息之间的关联。空镜拍摄主要涵盖环境空镜与物品空镜两个方面。

（1）环境空镜

拍摄与人物直接相关的工作和生活环境等，主要目的在于交代叙事背景等基础信息。在实际操作中，也可在拍摄环境空镜时记录下其余相关景物、人物的动作与行为，这些元素有可能为丰富人物信息提供帮助。

（2）物品空镜

对重点介绍的物品进行拍摄。如美食、工艺、非遗等相关选题需要拍摄较多的物品近景或特写镜头，以供说明性叙事的需要。重点是需要进行有针对性的设计，让偏静态的物品呈现出更具表现力的动态效果。

2.环境声录音

环境声（Ambient Sound）是指在特定场景中自然存在的声音，如自然界的声音（如鸟鸣、风声）、人造声音（如车辆鸣笛声、市井嘈杂声）或者是某个特定环境下的背景声音（如学校读书声等）。高质量的环境声效果能使观众具有身临其境的感觉，能够增强视觉内容，为观众提供更加丰富和真实的观看体验。

在设备条件有限的情况下，需分析声源状况与拍摄环境之间的关系，并对录音空间及拾音方法进行适度调整，尽可能地捕获优质的环境声。若在实际拍摄中，环境声过于杂乱，无法与画面完美融合，录音师可以选择合适的时机，在相同环境下录制质量更好的环境声进行替换，力求在不影响画面真实性的前提下，使声音尽可能与画面相融合。

3.气氛营造

对场景类空镜头的拾取并非简单地进行常规记录，而是体现创作者美学取向的重要窗口。创作者需有针对性地选择恰当的环境、协调的色彩以及合适的光线，使场景设计紧密围绕主题。此外，还需与摄影师紧密协作，妥善规划拍摄方式。例如，晴天正午的光线过于充足，可能导致镜头曝光过度且画面缺乏层次感，而树荫下斑驳的光影则能营造出独特的层次感。

三、后期制作阶段

（一）叙事与剪辑

剪辑的实质在于对所得素材进行梳理、强化、延伸乃至重塑。在确保素材呈现完整性和叙事表现力的基础上，剪辑师需根据创作目标对素材进行取舍，同时兼顾影片的可看性和艺术表达的策略、程度及技巧。除常规剪辑和素材筛选外，以下后期创作中的素材编辑思路亦可供参考。

1.选用权威的历史文献资料

对于文化历史题材的作品而言，经过时间沉淀和专家鉴定的珍贵文献资料是其叙事的核心依据和主要载体。这些素材不仅包括真实影像、录音和照片，还可包含各类文本性质的文献和资料。

2.合理配合人物的采访与解说

访谈当事人、知情者或权威研究人士等关键人物，借人物之口讲述具体故事。此外，解说词起着提纲挈领的作用，它展现了影片的逻辑结构和导演的创作思维，也是影片重要的语言组成部分。因此，需要对采访与旁白解说进行合理配置，以使作品的叙述效果更为直接、生动且符合逻辑。

3.情景再现

情景再现，是纪录片等非虚构类影像作品中广泛应用的表现手法，主要包括以下三种形式：重演（又称摆拍或补拍）、扮演（又称搬演，意指演员诠释过往事件）以及借用（源自其他电影、电视剧的相关镜头，以实现情景再现）。在实际应用过程中，应根据选题及现有素材的实际情况，做出有针对性的选择。

4.历史时空和现实时空交替

历史时空的呈现可以通过访谈内容、旁白解说以及影像文献资料的画面来共同构建。年代久远的影像资料通常呈现出低保真和颜色陈旧的独特画面质感。现实时空则主要体现在对当事人或知情者的采访、实景拍摄的空镜头以及相关资料画面等，清晰度较高，与历史时空的画面形成了鲜明的对比。通过对其进行合理规划和配置，可以提升影片在叙事时空上的表现力。

5.活用视觉效果与戏剧化表现手法

数字动画和视觉效果等手段的充分运用，有助于提升作品视觉表现力。例如，通过计算机图像技术与三维软件，历史遗迹得以重现；战争或灾难等难以重现的故事场景，可通过动画模拟呈现；微观世界、宇宙或抽象科技原理等肉眼无法观察到的内容，也能得以直观展示。此举不仅拓宽了影片的表现领域，亦增强了视觉表现力。此外，在叙事结构上，可借鉴剧情类作品的优点，设置合理悬念，提升叙事张力，从而强化作品的叙事性效果。

（二）解说词

解说词是影片旁白解说的脚本，能够向观众提供背景信息，解释和补充视觉内容，从而引导叙事、表达观点和情感、增强氛围，帮助观众更好地理解影片所展示的场景、事件或概念。

其具体功能可概括为三个方面：首先，阐释说明，即对画面展示的内容进行详尽描述；其次，补充拓展，针对画面无法呈现的内容，如拍摄条件受限、影像资料不足等情形，或画面含义不易为观众领悟时进行解释；最后，升华质量，解说词的语调、节奏和情感表达是作品情感表达的组成部分，出色的解说词文本和富有声音表现力的旁白能够提升作品整体的艺术质量。

解说词写作应遵循以下基本要点：

1.合理选择语言风格

解说词的写作应秉持简洁、平实、口语化的风格，同时确保精准、明确地传达信息。避免使用过于复杂、冗长的句子。随着网络纪录片的发展，众多氛围轻松、富有亲和力且具备"网感"的优秀案例应运而生。此外，可以选择以"现场目击者"的视角进行描述，适当运用富有"悬念感"的问句，侧重主动语态，减少被动语态，进一步增强叙述带来的"沉浸感"。

2.合理组织语言形态

解说词应倾向于使用短句，避免过多的长句。动词和名词的使用应占据主导，适度减少形容词的出现。每个句子应尽量只说明一个意思、观点或主要信息，以避免句子过长、信息复杂或充斥套话而导致观众困惑。此外，基于非虚构类短片的创作原则，应力求客观陈述，避免过度渲染。

第三节　剧情类短片创作 *

剧情类短片在数字影像领域具有广泛的普及度，涵盖了微电影、叙事类短视频、网络短剧等多样化的形式，展现出了强大的行业应用性。尽管其创作流程与传统电影有一定相似性，但在各个阶段均实现了不同程度的简化，这也是剧情类短片制作周期相对较短的重要原因。具体而言，剧情类短片的创作流程涵盖剧本创作、前期筹备、现场拍摄以及后期制作等关键阶段。

一、剧本创作

（一）剧本主题

"主题"是剧情类短片的核心表达要素，它贯穿于影片的情节设置、

---

* 本节资料整理：罗栋仁。

风格塑造、视听语言等各个层面。在创作一部剧情类短片时，首要任务便是确立一个明确且清晰的主题，以便创作者能够聚焦于所要传达的核心思想，进而赋予影片更加明确的目标和深刻的内涵。

1.创作要点：选题小

剧情类短片体量之"微"决定了其选题应"小"。在有限的篇幅里，聚焦小的选题可以让故事情节更紧凑，避免内容冗长烦琐。同时，创作者也可更深入地探索情感细节、集中表达特定情感。

在选题阶段的实施策略上，可以挑选日常生活中的微妙情感和经历，营造"熟悉"的场景感。这种做法可以有效精简背景介绍的内容，更有助于观众自然产生"共鸣感"，进一步拉近与作品的心理距离。此外，还要注意剔除不必要的冗余情节，注重描绘角色、情节和情感变化，以更加深入、直观的方式凸显主题内涵。

例如，荣获Discover电影奖最佳微电影和Kinsale Shark Awards最佳编剧奖的作品《等待》（2018），是一部深刻反映亲情与爱的微电影。影片以公交候车点为背景，描述了一名孕妇与患有阿尔茨海默病的父亲之间的互动。全片以对话为主要表现形式，场景单一却意蕴丰富，在时长四分钟的短片中，90%的内容都是父女之间的情感交流。影片内容如下：孕妇愁容满面，与电话那头交流着关于病情的信息，老人关切地询问，并不断地安慰着焦虑的孕妇；当公交车驶来，孕妇牵着老人的手缓缓上车，观众恍然大悟，老人原来是孕妇患有阿尔茨海默病的父亲。这部微电影以小见大，展现了对于亲情与爱的深刻思考，同时也传递了对阿尔茨海默病患者及其家属的关怀。

2.创作要点：角度新

随着制作门槛的持续降低和网络视频内容的日益同质化，剧情类短片题材亦展现出趋同的态势，市场竞争日趋激烈。若叙事切入角度缺乏创新性，极易导致观众产生审美疲劳。因此，为使作品脱颖而出，创作者需秉持求同存异、推陈出新的理念，从独特的视角切入主题，以吸引观众的注意力。

剧本需要描述特定人物在特定时间、特定地点所进行的一系列行动，而这些行动背后的动机与意义，共同构成了故事的核心主题。"主题被定义为动作和人物。动作就是发生了什么事情，而人物就是遇到这件事的人。"①所谓的"新角度"，是指通过创新的视角来展示这些动作与人物，从而使得故事主题以更富戏剧张力的方式呈现。

奥斯卡金像奖与戛纳国际电影节获奖短片《黑洞》（2018）即呈现了一个独特的叙事：一位在公司加班至深夜的小员工偶然间发现了一个能穿越任何物体的神秘黑洞。在不断地尝试用黑洞拿取物品的过程中，他不慎将自己困于一个保险柜之内。影片以这一非凡的设定，巧妙地探讨了人性的贪婪这一问题。与以往通过人物间的矛盾冲突来凸显人性的手法不同，导演在此选择了以极富想象力的"黑洞"作为隐喻，将贪婪的本质表现得淋漓尽致，别出心裁，直观有力。

（二）情节安排

剧情类短片的叙事依赖于戏剧性情节的逐步展开，这一过程涵盖其开端、发展及结局，构成了剧作的戏剧性冲突。好莱坞知名编剧布莱克·斯奈德（Blake Snyder）提出将"三幕式"传统电影细分为15个"节拍"（Beat），此观点得到了业界的广泛认同。通过为每个节拍设定具体的字数比例，作者得以更有效地掌控每一幕的内容，进而显著减少剧作中可能出现的断节问题（见表5-4）。

---

① 菲尔德.电影剧本写作基础［M］.钟大丰，鲍玉珩，译.修订版.北京：世界图书出版公司，2012：18.

表 5-4　斯奈德提出的"三幕式"传统电影节拍表 [①]（Beat Sheet）

章节	传统电影情节安排	所占篇幅页数 （以 110 页的剧本为例）	大致比例
第一幕	开场画面	P1	1%
	阐明主题	P5	5%
	布局铺垫	P1—P10	1%—10%
	触发事件（推动）	P12	10%
	展开讨论（争执）	P12—P25	10%—20%
	第二幕衔接点	P25	20%
第二幕	副线故事	P30	22%
	玩闹和游戏	P30—P55	30%—50%
	中点	P55	50%
	"反派"逼近	P55—P75	50%—75%
	失去一切	P75	75%
	灵魂黑夜	P75—P85	75%—80%
	第三幕衔接点	P85	80%
第三幕	结局	P85—P110	80%—99%
	终场画面	P110	99%—100%

　　相较于影视长片，剧情类短片对戏剧性展现的要求更为严格。传统电影因篇幅充裕，可以精心设计较长的悬念过渡阶段。然而，剧情类短片则需在极短的时间内迅速激发观众对情节的关注度，确保观众不会被轻易转移注意力。

　　在具体策略上，剧情类短片的情节架构需要以精炼的手法设计"起承转合"中的"承"这一环节（见图5-14），即在故事的"开端"与"转折"

[①]　斯奈德.救猫咪：电影编剧宝典［M］.王旭锋，译.杭州：浙江大学出版社，2011：57.

之间建立一个流畅的过渡阶段，需明确阐述冲突产生的原因，并直接引领观众进入戏剧冲突的核心，以推动剧情迅速达到高潮。

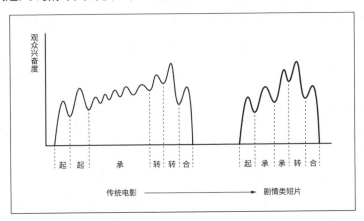

图 5-14　传统电影与剧情类短片剧情架构设计的对比示例图

在具体的情节设置上，传统电影节拍表中的 15 个章节可以被简化为 9 个章节（见表 5-5）。

表 5-5　剧情类短片节拍表

章节	剧情类短片情节安排	所占篇幅页数（以10页的剧本为例）	大致比例	说明
第一幕	开场画面	P1	1%	体现影片基调、类型、风格、整体走向
				展示主要人物
				对应终场画面，非常戏剧性地展示出变化
	阐明主题	P1	1%—10%	通常以暗示的方式出现，是后续争论的锚点
	布局铺垫	P1—P2	10%—20%	主要人物需要全部登场
				确立行动目标
				暗示主角性格上的弱点与缺陷

续表

章节	剧情类短片情节安排	所占篇幅页数（以10页的剧本为例）	大致比例	说明
第二幕	触发事件（推动）	P3	20%—30%	通常以坏消息的方式出现
	展开讨论（争执）	P3—P5	30%—50%	展现主角的犹豫
	"反派"逼近	P6	50%—60%	酝酿危机
	失去一切	P7—P8	70%—80%	矛盾爆发
第三幕	结局	P9—P10	80%—90%	解决方案出现，满足观众情绪上的缺失
	终场画面	P10	90%—100%	定格结局，和开场形成对比，表示改变确实发生

（三）人物塑造

人物是叙述故事的主要载体。他们的存在不仅能够影响故事情节的展开，更是观众情感投射的媒介，以及主题思想传达的载体。创作者在设置人物时，可根据具体功能将其划分为主要人物、次要人物以及其他人物。

1.具体类型

（1）主要人物

主要人物是故事叙述的核心驱动力，其冲突、抉择和成长是推动情节发展的关键。他们的表现往往成为观众情感投射的焦点，引领着观众的情感起伏。

（2）次要人物

次要人物则为主要人物提供必要的支持、反衬或冲突。他们可能是主人公的朋友、家人、同事等，通过他们的存在，可以揭示故事背景，凸显主要人物的性格特点和情感变化，或者为主要人物提供互动和情感支持等。

（3）其他人物

其他人物通常作为背景人物或环境角色存在，在故事中的作用相对较小。他们主要用于营造出特定的环境氛围，丰富情感层次，或者为故事情节提供戏剧化的背景，使故事更加生动。

2.创作要点

（1）简单设置

短片中的人物应秉持"简洁而深刻"的设置原则。鉴于时长限制，不宜展现过于繁复的人物关系，因此一般而言，主要人物数量以1—3个为宜，以确保人物行动线索清晰、不杂乱。同时，在设置人物时，需紧密关联故事情节，确保人物能对故事发展产生积极的推动作用。

（2）主次鲜明

相较于传统电影，微电影在塑造主要人物时，对于其"丰满"程度的要求有所降低。然而，微电影更加注重人物的识别度和特征性，以便观众能够更容易地对其产生喜爱和认同感，从而更好地理解其所处的情境。即使是那些具有复杂性格的角色，也需要具备有说服力的强烈原始动机，以符合人们的认知规律。

在微电影的人物塑造过程中，应以突出主要人物为核心，同时适当弱化次要人物和其他人物的存在感。在具体描绘时，应秉持"点到为止"的原则，着重强调他们各自鲜明的身份特征。此外，应坚持以正面描写为主，辅以侧面描写的手法，从而在保证微电影主题表达及剧情推进的前提下，使人物塑造更为精准有力。

二、前期筹备

前期筹备是影片启动整体创作流程的重要开端。对于一些拍摄经验尚浅的创作者而言，他们或许容易忽视这一关键环节，进而在实际的拍摄过程中遭遇种种问题，导致拖长拍摄工期，影响影片质量。因此，更需加强对前期筹备阶段的重视与投入。

（一）人员筹备

在影视制作过程中，剧组职务的划分至关重要，通常包括导演、演员、制片、摄影、灯光、录音、场记、美术、化妆、场工以及剪辑等。在规模较小的短片项目剧组中，由于人员资源有限，常出现一人多职的现象。为确保项目顺利进行，制片人需在项目初期进行细致的统筹与规划，确保各项任务得以高效完成。

（二）剧本围读

在拍摄工作启动之前，全体主创团队成员会共同参与剧本的深入研读。此举旨在确保团队对剧本内容有全面而深刻的理解，为后续的拍摄工作奠定坚实的基础。

在研读剧本的过程中，各成员会就剧情走向、角色设定、对话内容以及情感传递等关键要素展开讨论和分析。导演可能会分享他对视觉表现和情感传达的见解，演员可能会表达他们对角色性格的理解，而制片人则可能会就预算安排和制作计划提出自己的看法。这一过程将有助于促进创作团队在故事情节、人物塑造以及情感表达等方面达成共识与协同，为后续拍摄的顺利进行提供有力保障。

（三）分镜制作

剧情类短片制作中的分镜环节，指的是将剧本中的情节与场景细化、拆分为一系列具体的可视化框架的过程，有助于制作团队明确每个镜头的具体内容，从而协同工作，确保最终作品的连贯性和一致性。与动画制作相比，剧情类短片对分镜制作的要求主要用于确保导演的创作理念得以准确传达，而无须对分镜中的每一个细节都进行严格、细致的描绘。

1.分镜表的内容与构成逻辑

分镜表是分镜制作中常用的工具，通常包括镜头编号、场景描述、角色动作、对白或旁白、音效或音乐等要素。其作用与形态与前文所述动画短片的"故事板"十分相似，是体现导演思维的重要渠道。

在实际应用中，制作团队需要根据分镜表给出的指示进行工作，合理安排团队成员之间的协作模式，及时沟通和调整，确保最终作品的呈现效果符合预期。

常见的分镜表需包含关键的表达要点，具体包括场景编号、镜头编号、画面描述、景别、镜头运动方式、镜头连接方式、表演内容以及镜头长度等（见表5-6）。通过明确这些要点，可以更加精准地传达导演的意图。

表 5-6　常见的分镜表格式（其中圆圈内部所示数字为相应填写在表格中的内容）

No.＿ ① ＿				
编号	画面	运动	动作	时间
②	③	④⑤⑥	⑦	⑧

①场景编号
位于分镜表的上方，用于区分拍摄场次。
②镜头编号
用于标明该场次下的镜头顺序。
③画面描述
应明确描述分镜脚本画面。具体如下：
用简单的线条画图示意，抓住画面特点。
人物朝向清晰表达，避免轴线混乱。
人物名字应适当标注。
人物背影应用斜线表示。
人物动作应用箭头表示，Frame in 表示人物"入画"，Frame Out 表示人物"出画"。
④景别
被摄对象在影像中呈现出的范围大小。

续表

CU：特写（Close-up）

BS：近景（Bust Shot）

MS：中景（Medium Shot）

FS：全景（Full Shot）

ŁS：远景（Long Shot）

⑤镜头运动方式

镜头运动方式是指摄像机镜头调焦方式。摄像机的运动可以分成纵向运动的推镜头、拉镜头、跟镜头、横向运动的摇镜头、移镜头，垂直运动的升降镜头，不同角度的悬空镜头、俯仰镜头，不同对象的主观性镜头、客观镜头，以及空镜头、变焦镜头、综合性镜头等。

⑥镜头连接方式

镜头连接如有特别要求，可在现场按需标明。

F.I：淡入（Fade-in）

F.O：淡出（Fade-out）

O.L：叠化（Over-lap）

需要"动作连贯"，进行多角度拍摄的情况需明确标明。

A.C：后续镜头需要接戏，相似动作连接（Action Cut）。

⑦表演内容

概括性地写明演员动作、对话、走位等表演内容。

⑧镜头长度

通常以秒为单位。

2.实际案例：分镜绘制参考

为进一步阐述分镜绘制中的核心要素，本书选择了一段已完成绘制的分镜进行展示（见图5-15）。该片段为完整故事的节选，呈现了三人偶然相遇的情景，凸显了他们之间复杂的关系。相关情节如下：阿强与阿珍是一对早年离婚的夫妇，小伍是男人阿强收养的孩子；在为孩子办理手续时，忽然在电梯间偶遇了前妻阿珍……

在展示的分镜片段中，涵盖了前序分镜绘制要点中的场景编号、镜头编号、画面、运动、动作及时间等关键要素。通过此例，读者可更直观地理解分镜绘制的方式。

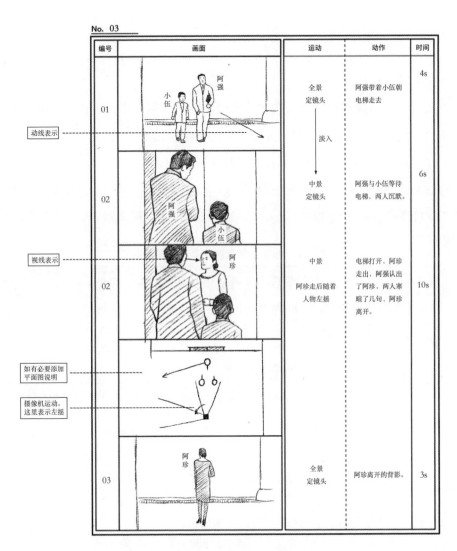

图 5-15　阿强与小伍偶遇阿珍分镜片段节选

三、现场拍摄

（一）器材选择

1.拍摄设备

目前，便携式摄影设备在短片拍摄中的应用越发广泛。首先，短片与电影在播放设备上存在差异，短片主要在小屏幕上播放，因此对摄影器材的要求相对较低。其次，便携式摄影设备具有易于操作、灵活性高、成本低廉等优势，使得拍摄过程更加便捷和高效。目前常见的便携式摄影设备及配件有智能手机、便携式相机、无人机、数码相机和手持稳定器等（见表5-7）。

表5-7　市面上常见的便携式摄影设备

主要类型	功能描述	常见设备
智能手机	配备高质量摄像头的智能手机可以拍摄高分辨率的照片和视频，还可配合内置应用提供各种拍摄模式、滤镜和编辑工具，方便内容创作并即时分享	配备高质量摄像头的手机。近年来，如华为、小米、苹果、Vivo等知名厂商均生产了相应产品
便携式相机	主要包括运动相机与手持式摄像机两种。它们通常具有防水、抗震等特性，适用于各种户外活动和运动场景	运动相机：GoPro、Osmo Action系列 手持式摄像机：灵眸Osmo口袋云台、DJI Pocket系列
无人机	无人机或称为航拍机，可以以俯瞰的视角捕捉风景、建筑等独特的画面	DJI Mavic、DJI Air、DJI Mini、精灵Phantom
数码相机	主要体现为：数码单反相机、数码无反相机（微单）两类。单反相机使用光学取景方式，可进行高质量视频拍摄。微单相机不含光学取景器，机身更为小巧轻便，正逐渐成为行业主流。二者均可根据创作需求更换适配的镜头	单反：佳能EOS 5D系列、尼康D系列 微单：索尼ZV系列、佳能EOS R系列

续表

主要类型	功能描述	常见设备
手持稳定器	可以附加在拍摄设备上，改善拍摄的稳定性，分为手机用与相机用两种	手机用：Osmo Mobile 系列 相机用：DJI RS 系列、DJI Ronin 系列

2.收音设备

麦克风（Microphone）俗称话筒，属于录音领域广泛应用的设备，可根据使用场景和需求的差异进行分类，比如更适合外景拍摄的枪式麦克风（Shotgun Microphone），更适合录制采访的领夹式麦克风（Lavalier Microphone）等。此外，也可根据应用方式的不同分为有线式和无线式等类型，从而能够有效地捕捉演员和环境的声音。

无线收音系统是目前在拍摄短片时较为常见的录音设备，能在演员移动过程中使用，可以保持音频的清晰度和稳定性，特别适用于拍摄行走或动作的场景。对于追求更高录音质量和更多控制选项的用户，还需要配置更加专业的录音机和音频接口，从而提升音频捕捉和处理的能力。

（二）现场剪辑

现场剪辑，指的是在拍摄过程中即时进行的剪辑工作。剪辑师会初步处理拍摄所得的素材并编辑成视频，以便导演、制片等核心团队成员直观地了解拍摄进度和效果。对于初学者或当影片内容需后期特殊处理时，实时剪辑成为一种有效工具，它能让制作者即时检查分镜的执行情况，并据此做出必要的调整。这一流程确保了制作过程的流畅性和最终影片的质量。

四、后期制作

（一）画面处理

1.剪辑

（1）粗剪

在这一阶段，导演和剪辑师负责将所拍摄的素材整理为初步的剧情序列，从而明确故事的节奏、场景间的逻辑顺序以及所要传达的基本情感。在粗剪阶段，所得到的视频时长可能会超过最终影片实际时长，这是为了确保在深入编辑和调整之前，影片的整体结构能够得到充分的确认。在剪辑过程中，通常会使用一些专业的剪辑软件，如Adobe Premiere、Final Cut Pro以及DaVinci Resolve等，以辅助完成精细化的剪辑工作。

（2）精剪

在粗剪的基础上，剪辑师会进一步融入已完成的声音设计、视觉效果等要素，对影片展开更为细致的调整和优化。这一环节旨在确保影片在流畅性、连贯性和情感表达方面均达到理想效果。其中，镜头过渡的自然性、音频的平衡度以及整体节奏的把控，均在这一阶段得到调整和完善。

2.视效与合成

在完成影片的初步剪辑后，为确保影片的视觉吸引力与内容的丰富性，需同步展开数字视觉效果（VFX）的制作工作，甚至在某些情况下，此环节的工作需提前启动，以应对其耗时较长、工作量较大的特点。这一环节需与前期拍摄紧密配合，以确保视觉效果的和谐统一。常用的后期视效软件包括Adobe After Effects、Nuke、Houdini等，也会综合运用Maya、Blender等三维动画类软件制作相关的视觉资产。

3.调色

调色是影片视觉印象的最终修饰环节，通过精确修正色彩倾向、对比度和亮度等关键参数，为影片注入独特的视觉风格和情感色彩，也在统一拍摄场景间色调差异、保证视觉连贯性方面发挥着重要作用。业界常用的专业调色软件包括 DaVinci Resolve 等。一些常见的剪辑类软件中也内置了简单的调色功能，方便应对短片等体量较小、难度较低的项目需求。

4.字幕、包装制作

在影片的制作流程中，对作品添加字幕及包装内容的工作是后期制作阶段的最终环节。字幕作为一种视觉辅助手段，为观众提供了必要的文本信息，有助于他们理解对话内容或补充背景知识。包装则涵盖了片头、片尾、花字等多个部分，具有明确内容、解释说明、优化呈现风格等多重作用。例如，片尾部分需要详细列出参与制作的演职人员名单，并对提供特别支持的单位或个人表达感谢。这些元素共同构成了影视作品完整且专业的呈现方式。

（二）声音设计

音乐、音效等声音元素的设计，是凸显影片的真实感与情感共鸣的重要方面。好的声音设计不仅能够深化观众的观影体验，更可营造出身临其境的环境氛围。主题及背景音乐的选择亦对影片情绪与整体氛围的营造起到至关重要的作用。

在音频的后期制作阶段，声音素材质量将被进一步优化。音频的平衡、音效的添加、音频处理和混音等工作都在这时完成，以确保音频质量达到最佳状态。常用的声音后期处理软件有 Adobe Audition、Logic、Pro Tools 等。

第四节　数字影像广告创作 *

数字影像广告的创作视角与其他影像形式相比有较大的区别。它并不仅限于满足艺术表达的单一目的，而是具备了更为实际的目的性，其核心价值是以精准而全面的方式向潜在用户展示目标产品，同时兼顾创意表达与信息传播的双重需求。这种独特的创作理念使得数字影像广告片在市场中独树一帜，成为品牌传播与产品推广的有力工具。

数字影像广告的创作可灵活运用多种媒介形态，同时借鉴非虚构类影像、微电影、短视频和动画短片等多种创作手法。为确保广告的有效传达，需根据具体的呈现形式制定有针对性的策略和制作流程。这一目标的实现，离不开深入细致的前期市场调研与富有创意的构思。

一、定位广告目标

在着手进行广告短片创作之前，首要任务是确立广告的核心目标。在这一过程中，创作团队需深入解读委托方所提出的具体需求，并据此明确广告应达成的具体、可量化的成果。广告目标的设定往往围绕产品推广、品牌知名度提升及市场份额扩大等核心诉求展开。通过对目标受众及目标市场效果的深入分析，创作者能够更为精准地把握受众需求，进而策划出有针对性的广告短片（见图5-16）。这样的短片不仅能够有效吸引目标受众的注意力，更能实现预期的商业宣传效果。一个成功的广告策划需综合考量市场状况、品牌形象、创意构思、传播渠道及数据分析等多个维度，

---

　*　本节资料整理：李晋羽、罗栋仁。

以确保广告活动的全面性与有效性。

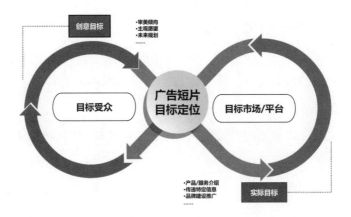

图 5-16　在广告短片的目标定位过程中可参考的分析方式

（一）目标受众

广告的目标受众指企业或品牌期望通过广告活动直接影响和吸引的人群。对目标受众的清晰界定，有助于制定更具针对性的广告策略，进而提升广告效果。目标受众可能涵盖以下几类人群：

1.潜在客户

指那些有可能成为品牌消费者的人群。广告的目的在于激发他们的兴趣，并促使他们采取购买行动。

2.现有客户

指已经购买过产品或服务的人群。广告的目的是提高这部分客户的忠诚度，鼓励他们再次购买，并推动他们进行口碑传播。

3.特定人群

指具有特定特征、兴趣或行为的人群。针对这部分人群投放广告，可以确保广告内容更符合他们的需求。其中也包含特定地域的消费者，需要针对某一地域或文化背景来进行广告策划。

4.竞品受众

指那些可能受竞争对手吸引的客户。广告的目的在于通过展示自身的优势和独特性，将其转化为自己的客户。

5.社会大众

指更广泛的公共受众。广告的目的是提高品牌的整体知名度和形象，以创造广泛的品牌认知。

为了实现广告策划的有效性和针对性，必须确立明确的目标受众。定位目标受众的策略应遵循从宏观到微观、从宽泛到具体的原则，回答这项"产品/服务"如何满足了"某类人群"的特定需求（如解决某问题、提供某便利等）。

在确立目标受众的过程中，创作者可通过市场调研、分析现有数据等多种手段，深入了解潜在用户的特征。制作用户画像（User Persona）是一种有效的方法，通过构建具体的人物形象，分析其个人背景、兴趣爱好、行为习惯以及媒介偏好等关键信息，帮助广告策划更加贴近目标受众的需求。确保广告内容更加有针对性，同时有效激发目标受众采取实际行动，如访问网站、注册成为会员或参与相关活动等。

（二）媒体形态

广告媒体包括各种传媒形式和在线媒体，是向广大公众传播信息的渠道和平台，选择适当的广告媒体对于广告活动的成功至关重要。

对于广告短片而言，电子屏式媒体是目前较为主流的类型。这些媒体包括但不限于手机、个人电脑等小型屏幕设备，以及电视、户外电子信息屏等中型和大型屏幕（见表5-8）。无论是根据媒体特性来选择合适的短片形式，还是根据形式的需求来确定最佳的媒体类型，建立精确的对应关系都有助于确保影像广告策划的有效性，进而实现广告效果的最大化。

表 5-8　常见的屏幕类广告媒体与广告形式

媒体类别	媒体接触点	广告形式
手机媒体	不限	信息流广告、开屏广告等
数字电视	家庭场景、服务场景等	开屏广告、聚屏广告等
互联网新媒体	不限	品牌广告、搜索广告等
户外新媒体	出行场景、楼宇场景	聚屏广告、品牌广告等

二、制定传播策略

通过对广告目标受众的定位，创作者可以确定广告创意的出发点。鉴于产品特性的多样性、目标受众群体的差异性以及媒体平台的广泛性，必须灵活运用多种策略，以适应不断变化的市场环境。

（一）内容营销模式

影像广告本身就是一种营销手段，主要是通过可视化的方式吸引目标受众，并与其建立和维系紧密联系，因此，选择适合的营销模式对于确保广告的成功至关重要。

1.突出功能特点与独特性

该模式在品类竞争激烈的市场环境下尤为适用，能有效凸显所描绘产品的独特性，一般会采用直截了当的方式阐述产品功能，并着重强调其特点，例如在某一领域中是"独一无二的"。同时，也可配合简洁有力的广告语（如"不是所有牛奶都叫特仑苏"等案例），进一步强化品牌形象。

当与对手存在竞争时，强调产品优势的策略有助于将受众的注意力集中于品牌本身，避免与竞品直接对比，从而降低注意力分散的风险，甚至可以结合其他竞品的"劣势"进行有针对性的"精准打击"，进一步提升传播效果。

2.叙述品牌故事，寻求情感认同

该模式一般会通过叙事、抒情等手法，展现品牌的发展历程、核心价值和崇高使命，精心构建品牌故事。同时也会充分考虑受众的深层心理需求，有针对性地强调品牌特性和与消费者的情感共鸣，以引起目标受众的认同感。例如，将高档家具与匠人精神、成功人士的尊贵与品位相结合；将外卖软件塑造为给奋斗加班的"打工人"默默加油的好伙伴；将女性用品的新功能与女性自我觉醒的叙事融为一体，传递独立与自信的现代精神等。

另外，对于具有公益性质的广告类型而言，也可以强调品牌所承担的社会责任，通过积极融入如"支援灾区、关爱留守儿童"等社会公益活动或事业相关信息，吸引具有社会责任感的受众，从而使品牌形象深入人心。在此基础上，还可以通过提供与产品使用、行业知识或解决问题相关的教育和指导内容，树立品牌在受众心中的专业形象，进而增强受众对品牌的信任感。

3.与强势品牌、平台、用户合作共赢

品牌合作与赞助是提升广告知名度和价值感的重要途径。通过与顶级品牌的紧密合作，不仅能够有效扩大广告覆盖面，还能吸引更多潜在受众。在此基础上，通过整合渠道与产业链等举措，进一步巩固和提升品牌地位。

与明星、知名内容创作者合作打造具有趣味性和影响力的内容，同样是一种行之有效的策略。随着社交媒体的普及，越来越多的广告商开始注重与普通用户的合作，不仅能将产品融入其日常生活中进行展示、获取最真实的材料，还可以借助用户的创造力和热情产出源源不断的广告创意。通过鼓励用户创作和分享与品牌相关的广告内容，品牌能够有效地增强自身在社交媒体上的影响力，深化与受众之间的互动交流，为长期稳定发展

奠定坚实基础。

（二）传播投放模式

创作者应结合广告目标受众的潜在需求制定相应的传播方式。例如，依据受众的地域、年龄、身份、职业行为习惯和使用的设备等特征进行分类，针对目标受众的观看偏好选择广告平台和投放时段，以此实施精准的广告定向策略，确保信息传达的高效与精准。在此基础上，为了力求最大化投放效果、对受众产生持续而深远的影响，还可以考虑将广告与节日、习俗等文化元素相结合，使广告在特定时间段内得以连续展示，增强受众的记忆与认同感。

随着智能手机和移动互联网的迅速普及，广告短片的观看渠道已逐渐从传统电视媒体转向新媒体平台。目前，更多广告短片在具体的投放策略上会充分结合社交媒体和视频分享平台的特点，制作富有趣味性的短片，并通过平台广告服务提升曝光度和投放针对性。此外，很多广告创作者也在积极与在新媒体领域具有广泛影响力的内容创作者（意见领袖、视频博主等）展开合作，共同创作高质量的广告内容，也将利用广告平台提供的专业工具，对广告投放效果进行实时监测，并对后续的广告策划方向进行优化。

三、确立广告风格

广告短片具有小巧而精致的特点，需要在有限的播放时段内迅速引起受众的注意。为实现这一目标，广告的风格便显得尤为重要。广告的风格，即在传达信息与塑造品牌形象时所采用的艺术手法与表达方式，对吸引目标受众、准确传达品牌形象以及在竞争激烈的市场中凸显个性具有至关重要的作用。具体而言，这不仅包含了视觉方面，还十分强调修辞手法以及创意的设计。

（一）修辞手法

修辞手法是一种通过运用特定的语言技巧增强语言表达效果、引起受众共鸣的方法，包括比喻、夸张、对比、比拟等。这些手法可以在文学作品、演讲、广告等多种语境中使用。在广告短片的创作中，应用适当的修辞手法可有效突出产品的优势和特色，进而提升广告的宣传效果，使之更具感染力。常见的广告短片修辞方式包括实证和对比、比喻和拟人、夸张和排比等类型。

1.求证效果：实证和对比

实证和对比（Induction and Contrast）是展示具体产品或服务的广告短片中较为常用的两种表现手法，能够有效地突出产品的特点，提升消费者对产品的认知度和信任度，从而增强广告的吸引力和说服力。

实证是一种基于理性分析的广告修辞手法，它强调通过客观事实和相关数据来验证产品的功能与效果，比如展示产品的使用场景（例如吸尘器、洗护产品的使用等），使受众更加直观、生动地了解产品的优势。有趣的验证过程会使得观众对商品产生兴趣和信任感。除了通过正面的直接描述，还可以通过侧面论证来加强实证的可靠性。例如通过对使用者的采访，表达使用后的感受，或加入数据支撑等方式证明产品的功效和可信度。

对比的广告修辞手法注重描绘该产品与其他同类竞品的差异化特点，让受众更加深入地认识到产品的独特性。对比型广告可分为直接比较和间接比较两个主要类别。前者通过直接对比同一市场中的两种产品，以鲜明的对比效果帮助观众迅速识别产品差异。而间接比较型广告则巧妙避免了直接点明竞品品牌，会采用类比的手法引导消费者进行比较。需要强调的是，对比并非简单地贬低一方以抬高另一方，而是以客观的视角进行描述，凸显产品自身的优势与特长。

2.提炼价值：比喻和拟人

比喻和拟人（Metaphor and Personification）同样是塑造独特广告风格的重要手段。它们通过激发受众的联想与想象，巧妙地将产品所蕴含的价值元素与受众熟悉且认同的事物、生活方式及情感观念相连接，以潜移默化的方式凸显产品价值。

比喻涵盖了明喻、隐喻、借喻等多种形式，通常将不同领域的事物进行类比，传达特定的概念或形象，以达到生动、形象的效果，如将"汽车"与"猎豹"，或"抗菌功能"与"盾牌"等。在德芙巧克力的影像广告片中，为了强调其产品如牛奶般丝滑的口感，巧妙地在画面表达中运用了绸缎这一视觉形象，同时结合对男女主人公之间暧昧情愫的描绘，模拟了在品尝产品的过程中获得的愉悦感知（见图5-17）。这种情感化的呈现方式，不仅成功地传达了产品的独特口感，也彰显了德芙巧克力的品牌价值。

拟人的运用与比喻手法有相似之处，也需要通过提炼产品特性寻找与之相应的类比对象。这种手法常用于描绘产品或抽象概念与特定人类角色或职业之间的关联，注重赋予产品以人格和情感色彩，拉近受众与产品之间的距离。例如，将细菌比作敌人或反派角色，而将特效药塑造为捍卫身体健康的卫士形象。以小米科技旗下的生活类电子产品广告为例，相关短片秉承"产品也是人"的理念，为家用电子产品赋予了"小帮手"的人类角色形象（见图5-17），从而凸显了产品的人性化与智能化特点。

图5-17　采用比喻手段的德芙巧克力广告（左图）、采用拟人手段的
小米"米家日常"广告（右图）

3.放大优势：夸张和排比

为了突出产品的卖点，影像广告也会使用夸张和排比（Hyperbole and Parallelism）的手法进行修辞。

夸张需要基于产品实际功能和核心优势进行设计，也可与比喻和对比等方式配合使用。以洗发水为例，如果产品主打柔顺效果，可在广告中强调使用之前的干枯毛糙，在使用后则如丝滑绸缎一般柔顺，同时运用高速摄影等视觉呈现手段，展示发丝顺滑飘逸的画面，从而强化产品优势。对于食品类产品，可以通过特写镜头展现食用者的愉悦表情，通过视觉效果辅助强化味觉带来的奇妙感知；对于家电类产品，可展示产品以极高的效率带来焕然一新的改变，如某空调会使房间马上变得温度适宜、提升居住幸福感等。这种强调产品效果的策略能够有效吸引对其有特别需求的潜在消费者。

排比是近期在新媒体广告领域中颇受青睐的修辞方法，主要通过反复呈现画面与声音，使受众在短时间内对广告内容形成深刻印象。排比手法的运用，通常要求连续、重复地突出核心信息，同时配合特定的节奏和韵律，使广告更具吸引力，有时甚至能达到令人难以忘怀的"洗脑"效果。比如饿了么、拼多多等品牌广告的标志性口号正是借助排比手法进行重复强调，让消费者在短时间内记住。然而，排比手法的使用需适度。过度运用排比可能导致观众感到单调乏味，甚至产生抵触情绪。因此，广告创作者在运用排比这一修辞手法时，应妥善把握节奏与韵律，既要吸引观众注意，又要避免引起厌烦。

修辞须有度，上述所有修辞手法均应围绕产品的真实功能与特性进行应用。修辞手法的滥用可能导致消费者的误解，必须审慎，以维护广告信息的真实性与精确性。

（二）创意建构

广告创意，即在广告策划与制作流程中所孕育出的新颖思维和独特理念。享有盛誉的联合利华公司（Unilever），曾在其著名的"优良广告的十大原则"中指出：广告要建立在独树一帜的创意上。成功的广告作品，往往具备鲜明的风格、清晰的信息传递、对受众及消费心理的深刻洞察等关键要素。在对广告目标及传播策略进行归纳梳理后，创作者可从叙事手法、视听表达等维度对广告创意进行进一步探索。

1.叙事手法

针对具备故事性表达潜力的广告，应重点考虑叙事的创意，尤其是对于具有公益性质或面向特定群体的产品与服务，可以通过构造富有体验感且具有代表性的情节感染目标受众。例如，王家卫导演为奔驰品牌创作的新春广告短片《心之所向》（2021），采取贴近生活的叙事视角，围绕"心有向往、相互奔赴"这一叙事目标，讲述了三段情侣与家人间关于"爱"的不同故事，借助春节所带来的特殊"场景感"，辅以导演独具特色的视听表达方式，能使观众沉浸式地感受到短片所传达的情感理念。广告短片除借鉴非虚构类短片的叙述方式，也可以结合故事短片、微电影的思路，并根据产品特点进行精心设计，如运用悬念与反转、幽默与讽刺等手法，以进一步提升故事的吸引力和影响力。

2.视听表达

对广告短片的创作而言，视听表达的重要性不言而喻。在有限的时间内，如何迅速吸引受众的注意力，是广告短片制作中需要重点考虑的问题。视觉风格的设计包括角色设计、场景设计、视觉效果设计等方面，这些元素需要紧密结合剪辑和音乐节奏，以产生强烈的视听冲击力，甚至形成一种"视听轰炸"的效果，并以此加深观众的印象，尤其是针对年轻受众而言更是如此。在具体的设计过程中，可以考虑采用近年来流行的MG动画、三维动画、无缝剪辑、高速摄影、超微距摄影等手法。

在广告短片视听表达设计的过程中，也需要充分考虑其投放的平台的特点，从而进行合理的规划，并分析其媒介特性对传播效果的影响。比如，可以综合评估广告的视听效果与屏幕大小、观看环境、受众注意力等因素的相关性，以此为基础安排短片的时间节奏、信息密度等，以确保广告不仅"好看",而且"合理"。

优质的广告创意通常具备三大核心特征:清晰简练、结构得当以及恰当合理。在自由发挥创意的同时,必须坚守对产品与服务的正确表现与信息传达。评判创意优劣的核心在于其能否精准把握产品特性,并选择最恰当的呈现方式。在此基础上,创作者可以充分运用巧妙的叙事手法,结合多元化的视觉效果与制作手段,提升广告短片的美学价值。

第五节　交互式影像创作 *

在计算机与媒介技术持续进步的推动下,艺术家正日益积极地接纳新的媒体类型,并不断探索创新的表达方式。其中,交互式影像因其独特的表现手法和观众的高度参与性,已经引起了广泛关注,并成为当代艺术领域的焦点之一。

交互式影像的创作步骤包括但不限于明确设计目标、优化用户体验、选择合适的互动媒介以及相应的内容制作等。这些流程因创作需求的不同而各有侧重。从整体来看,这些步骤可大致划分为三个阶段:前期的项目策划阶段,中期的创作实施阶段,后期的效果反馈阶段。

一、项目策划

交互式影像的创作流程复杂多变,往往会涉及较高的资金和技术投入,并依赖专业团队的紧密协作。因此,这类影像创作通常会以"项目制"的方式组织启动,具有较强的"目标导向"特征,并需要依据行业标准和

---

　　* 本节资料整理:裴梓仪。

项目需求制订详尽的计划和预算，确保资源的合理分配。同时，还应按需组织跨功能、跨学科团队，且团队成员需充分沟通，明确各自职责，以确保项目的高效推进。

在此基础上，交互式影像的项目策划还需经历"用户与媒介"和"原型与反馈"这两个相辅相成的重要环节。

（一）用户与媒介

1.设计目标

在项目策划之前，必须确立清晰明确的设计目标。这些目标应以项目的实际需求为基础，提炼出预期的效果。对于新媒体装置、游戏等需要大量技术投入、经济支持和时间成本的项目来说，这一点尤为重要。具体而言，设计目标可以分为功能目标、结果目标和成本目标等三个层次。通过详细规划每个层次的目标，可以确保项目在制作过程中保持高效、有序，并最终实现预期的效果。

（1）功能目标

功能目标，即在项目实施完成后所期望达成的实际成果、作用及效用等，对于产品而言，即为其核心"功能点"。在影像的设计与开发阶段，功能目标扮演着"指南针"的角色，为团队提供明确的工作导向，确保产品或系统不仅满足用户的各项需求，同时亦具备必要的功能与特性。此外，明确功能目标也有助于减少开发过程中的混淆与误解，进而提升项目的整体成功率。

（2）结果目标

结果目标是指在实现项目功能的基础上，所期望达到的最终效果和影响，它更加关注项目背后的业务发展和战略目标。对于交互式影像创作而言，在设计方案阶段，必须明确该项目的深层目的，特别是要处理好艺术表达与可能隐含的商业或其他实际目标之间的关系。例如，设计方案应能够展现出对社会发展、文化传承、观念引导等方面的积极作用。同时，结果目标有时也需要以量化的方式进行呈现，例如，对于公共空间的设计方案，需要评估其实施后的社会影响，包括预计参与的人次、流量等数据。

（3）成本目标

成本目标的设定涉及项目实施后的经济收益预测以及所需投入成本的评估。对于交互式影像创作这类资金密集型项目，在确立成本目标时，必须全面考虑项目周期、人力资源配置、技术实施和后续运营成本等因素。一个明确且合理的成本目标，有助于创作团队优化资源配置，高效推进项目管理，并最终确保创作顺利完成。

2.用户体验

用户体验（User Experience，简称UX）描述了用户在与产品、服务、系统或界面进行互动时，所形成的全面感受和情感反应，涵盖了用户在使用过程中所展现的思考模式、情感体验、行为态度等方面。在设计和开发如交互式影像等艺术或应用型产品时，用户体验是前期规划阶段必须高度重视的关键因素。

对用户与产品之间关系的调研行为，不仅在交互式艺术项目或产品中占据重要地位，亦已广泛渗透至影像创作的多个领域（例如广告对消费者的洞察、影视行业对观众需求的把握）。用户体验涵盖了多个维度，不仅局限于用户的操作行为和界面设计，还涉及用户的情感、心理反应以及他们与产品或系统的全面互动。其核心在于以用户为中心，全面考虑用户的需求、目标和期望，并以此为基础进行产品的设计和优化。优化用户体验的关键在于在用户与产品互动的过程中激发情感共鸣，使用户对产品产生积极的情感体验。为实现优质的用户体验，需要重视以下几个方面：

（1）易用性与可用性（Usability and Accessibility）

设计需直观易懂，使用便于用户快速理解、熟悉并掌握操作的方式。同时，无论用户的技能水平或身体状况如何，产品应能够被尽可能多的人群使用，对各类用户均具备良好的可访问性。

（2）反馈和响应（Feedback and Responsiveness）

在交互类产品的设计过程中，必须确保系统能够迅速且准确地响应用户的操作。此外，设计师还需深入考虑各种潜在的使用情境，以确保产品的通用性和适应性。

（3）一致性与情感连接（Consistency and Emotional Connection）

在整个交互流程中，用户体验必须维持统一与连贯，确保用户在操作过程中不会感受到任何突兀或不协调的体验，且能够通过设计表达更好地引发用户的情感共鸣。这涵盖了界面设计的合理性、功能操作的便捷性以及信息传达的清晰性等多个方面。

3.互动媒介

交互式影像的设计与实施需紧密结合所使用的媒介形态。当前，主流互动媒介包含了移动应用程序、交互式展示和体验装置以及虚拟现实等多样化形式，并通过智能手机、实体展览、计算机等数字化平台等方式实现（见表5-9）。在各类媒介形态中，具体的交互方式、用户能够获取的体验感知各有不同，例如，移动应用可实现个性且即时分享的互动模式，而虚拟现实则能构建高度沉浸式的体验。此外，图像、视频、文字等在不同媒介上的展现效果亦有所差异。在设计过程中，需根据设计目标调研相应的媒介特性，并依据传达内容类型挑选最适宜的媒介，以确保设计效果与传达意图的高度契合。

表 5-9　常见的互动媒介类型与相关应用场景

主要类型	移动应用程序	交互式展示和体验装置	虚拟现实
交互方式	允许用户在移动设备上进行交互。用户可以通过触摸屏幕、手势操作等方式进行便捷、直接的互动	需借助实体空间和相关硬件，可通过按键、触摸屏与触控板、运动与位置传感器、Kinect 深度摄像头等相关硬件获取用户的交互行为数据，与展示内容进行互动	需要配置沉浸式交互装置进行体验，如 VR 头显、AR 设备、Cave 系统、手柄、手套或其他传感器等。用户可通过相关设备与虚拟现实或增强现实内容进行互动

主要类型	移动应用程序	交互式展示和体验装置	虚拟现实
应用场景	手机 APP、小程序、H5 页面	展览、博物馆、大型商圈商场等公共场所	艺术展览、文化旅游、教育医疗、游戏娱乐、商业活动

（二）原型与反馈

1.交互原型

在交互式影像的初步设计阶段，原型（Prototype）的设计具有至关重要的作用。原型是一种在交互式影像设计中用于展示其概念、功能、效果并进行前期测试的关键工具，涵盖了多种具体类型，如纸质原型（通过纸张、卡片等快速验证设计概念）、线框图原型（运用设计工具绘制，体现作品的基本流程和结构）、可交互数字原型以及高保真原型（模拟最终呈现效果，支持点击等操作，完成较为完整的交互流程）。

对于创作团队而言，交互原型设计的步骤至关重要。其作用与其他数字影像创作过程中的剧本、故事板、动态分镜头等相似，有助于设计师、开发者更好地理解和验证设计效果，并据此进行反馈与优化。交互式影像原型的设计兼具交互艺术与影像艺术的特点，不仅需要包含影像内容部分，还应考虑交互流程中的界面布局、互动元素，以及动态效果的策划。这些要素的初步构想，构成了整个交互体验的基础。在针对不同的应用形态进行原型设计时，还需要灵活调整侧重点以满足不同的设计目标。

（1）情节交互型影像

该类交互原型设计的核心在于妥善处理剧情走向的节点与选择界面。在剧情走向节点的选择上，必须确保其对剧情连贯性不产生负面影响，同时要求剧情发展既合理又自然，严禁与前期内容发生冲突或重复。而在选择界面方面，则需使其与整体设计自然融合，与影像风格及氛围保持高度一致。

（2）体感交互型影像

该类交互原型设计需关注三大核心要素：用户体验的虚拟环境构建、体感交互元素的融入以及交互效果的适配程度。首先，可借助如Touch Designer、MSP、Processing、Unity等专业软件工具创建交互环境，其中可能涉及的部分涵盖场景、角色、道具等关键元素，以确保设计与体验目标高度契合。其次，结合体验场景设计体感交互的实施策略，如手势识别、运动感应、面部捕捉等，使用户能够以更自然、直观的方式与影像进行互动。最后，针对所设计的交互流程配置恰当的交互效果，确保其能够以合理、流畅、自然、用户可感知的方式呈现。例如，在用户执行特定手势时，影像画面应及时且清晰地做出响应，从而增强用户在使用过程中的沉浸感和互动性。

（3）虚拟现实交互型影像

该类型设计须充分考量影像内容的动态表现与用户运动方向之间的相互作用。在用户沉浸于影像体验时，影像内容的响应灵敏度、运动反馈的程度对用户的感知具有显著影响。即便是微小的差异，也会给用户带来截然不同的感受。若参数设计不当，可能会诱发用户眩晕，进而破坏观影的舒适度。同时，视觉呈现质量也直接决定了沉浸式体验的品质，因此虚拟现实类交互影像的视觉制作要求尤为严格。在视觉反馈中，应充分展现空间维度的纵深感，使用户能够更自然地融入其中。

2.原型测试

在完成了前期的原型设计后，设计者应将相应的成果投放至目标受众群体进行前期测试。通过收集用户反馈的相关数据和报告，帮助设计团队识别潜在问题、改进用户体验，并确保最终设计方案能够符合用户需求。

原型测试是确保产品设计质量和用户体验的重要环节，需要经历较为严谨的各项流程。首先，设计团队需明确测试目的和需解决的具体问题，进而选择适当的参与人群。其次，根据测试目的和参与者的特性，制订周密的测试计划，并选定适宜的测试环境。在测试实施过程中，需保持持续、有针对性的观察与记录，并在测试结束后，及时收集并分析反馈数据，以提炼出有价值的见解。最后，根据测试结果，判断是否需要进行多轮测试或调整测试目标，并思考如何将所得信息有效应用于设计迭代优化的过程中。原型测试的全面性和深入性对于方案的有效实施至关重要。

3.设计优化

经过原型测试环节的反馈收集，设计者通常能够对项目潜在的问题有较为全面的认识。基于这些反馈，设计者会进一步分析问题原因和思考解决方案，从而确定明确的项目优化方向。

在交互式影像项目中，原型测试通常在交互流程和技术问题方面表现出较大的优势。然而，对于内容设计方面的优化，尤其是在涉及某些特定的创作主题时，大规模的原型测试可能仍会面临一定挑战。为确保项目方向的正确性和合理性，除了依赖原型测试和用户反馈，还需要进行一定程度的文献调研和案例分析。最终，设计者应在充分考虑用户反馈和原型测试结果的基础上，持续进行迭代优化工作，以不断提升项目的质量和用户体验。

二、创作实施

在完成前期项目策划与设计验证之后，便需要按照具体的需求实施创作。其中具体包含交互流程与信息架构、影像内容、交互元素与动效设计等方面。

（一）交互流程与信息架构

明确的交互流程和信息架构是创作顺利进行的先决条件。这一阶段的核心任务是确立操作界面间的导航逻辑、功能划分以及信息呈现方式。一个典型的交互式影像设计流程通常包括"用户进入—引导与导航—情境选择—交互体验—影像反馈—交互成效—信息呈现—用户决策—任务完成—成果展示与回顾—交互结束"（见图5-18）。这一流程确保了用户在与影像互动时能够流畅、有效地接收信息，并做出相应的决策，从而推动创作的顺利进行。

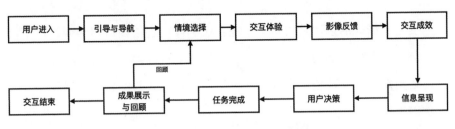

图 5-18　交互式影像设计流程

1.界面引导与导航

在交互式影像的用户体验中，引导与导航的设计扮演着至关重要的角色，是确保用户能够理解如何进行交互操作的关键因素。因此，在设计过程中需要选择明确的按钮标识或用户习惯的手势控制等直观易懂的方式，合理引导用户与影像进行互动。

2.交互体验与影像反馈

用户在实际进入虚拟环境或应用程序时，会通过与操作界面的直接交互来执行各种动作，并会引发系统的即时响应，为用户提供感知体验。这些体验的反馈形式包括但不限于视觉上的动态效果、声音提示以及虚拟物体的位移等，有助于用户判断操作的有效性，进而获得审美或娱乐等各类型的深层体验。因此，构建一个能够提供精确、及时反馈的系统，对于提升整体用户体验具有重要的作用。

3.信息呈现与成果展示

交互式影像一般依赖数字化环境进行体验，并以文字、图像、声音或视频等多种形式向用户展示必要信息。用户需根据所接收的信息做出决策，这些决策将影响故事情节的推进或虚拟环境的变化。在用户完成交互影像中的各项任务、挑战或故事情节后，系统将展示其最终成果并进行回顾。用户可自由选择重复体验以获得不同结果，或选择结束交互过程。

（二）影像内容

交互式影像的艺术性表达，关键在于影像内容的创意与呈现。这不仅需要创作者遵循前期的设计目标，结合目标受众的偏好进行有针对性的策划，还需发挥个人特色，实现形式风格与表达方式的创新，以展现交互式影像的独特魅力。

1.剧情设计

在交互式影像领域中，存在多种依赖于影像叙事性以完整展现其交互过程的作品类型，例如互动电影、电影游戏、体感游戏，以及那些具备沉浸式叙事特点的电子游戏等。在这些作品中，剧情的构思始终是影像内容建设的根本。因此，创作者首先需要明确内容创作的核心目标，例如向观众传达特定的理念、信息、情感或体验等。随后，需要结合交互的逻辑和具体流程来规划整体叙事架构，确保开端、发展、高潮、结局这些故事要素与交互逻辑的关键节点相互呼应，从而使得故事情节条理清晰，交互体验引人入胜。最后，还需要对剧情进行详尽的梳理，在保障主线剧情推进的同时，进一步丰富体验的层次和内涵，并可以根据需求设计多样化的分支情节线，让用户的选择能够真正左右剧情的走向，从而为互动体验增添更深的层次和更丰富的意义。

2.概念设计

影像内容的外观设计涵盖场景、角色与道具等三大要素。场景设计需依据剧情需求，精心构建包括背景、道具、地点等在内的多元化环境。角色设计则需赋予人物鲜明的个性与动机，确保他们与故事主题紧密相连，并能触动观众的情感。道具设计则需创造与情节风格相契合的交互式体验接口，在关键时刻发挥作用，为故事增添色彩。

3.资产建设

交互式影像的制作涉及一系列复杂而精细的流程。在资产建设方面，实拍与计算机生成的方法存在显著差异。实拍类资产主要依赖摄像机进行拍摄，其创作模式与其他实拍影像相似，可参照前文的相关内容。而针对虚拟影像，则需运用Maya、Blender、3Ds Max等建模工具进行场景、角色及道具的模型构建。随后，通过风格化的渲染处理，将这些元素集成至相应的引擎（特指用于交互式影像创建、开发和运行的环境，如Unity、Unreal Engine等常见平台）中，以完成交互部分的制作。这一流程要求创作者具备扎实的专业背景和丰富的实践经验，以确保最终呈现的虚拟影像能够达到预期效果（见图5-19）。

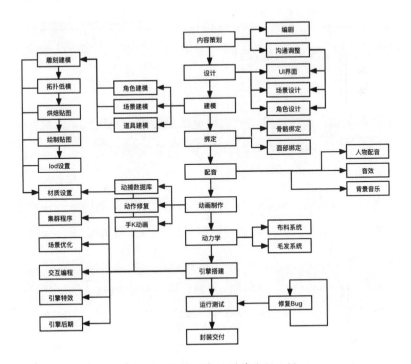

图 5-19 影像内容的创作流程示例

4.常用工具

交互式影像设计需要多种技术工具相互配合，表5-10为交互式影像制作中的常见设备与创作环境。

表5-10　交互式影像制作中的常见设备与创作环境

影像类型	硬件设备	创作环境示例
情节交互型影像	智能手机、计算机等配置数字环境的电子屏幕类设备等	Unity、哔哩哔哩（Bilibili）弹幕视频网站等
体感交互型影像	如 Kinect、Leapmotion 等体感感应器类型外接设备，电子屏幕等	Processing、Touch Designer 等
虚拟现实交互型影像	带有深度摄像头（如 ToF）的智能手机、Oculus Rift、Apple Vison Pro 等头戴式显示器或眼镜等设备、Cave 投影系统等	ARkit、Spark AR、WebXR Unreal Engine、Unity 等

（三）交互元素与动效设计

1.交互元素

在规划交互元素设计时，须严格遵循简洁性、一致性、直观性和突出性等四个原则，以确保用户界面的高效性和易用性。

（1）简洁性

重视图标的简洁，避免添加不必要的复杂细节。图标应能在较小的尺寸下依然保持其功能的清晰表达，以减轻用户的认知负担。

（2）一致性

在交互元素的设计中，应保持风格、色彩和形状的高度一致性，以营造统一的视觉效果，增强用户的认知一致性。

（3）直观性

图标的形状和图案应与其功能紧密相关，使用户能够直观地理解并联想到相应的操作，从而提高用户的使用效率和满意度。

（4）突出性

可恰当运用鲜明的色彩和适当的对比度，使相应元素在界面中脱颖而出，吸引用户的注意力，引导其更快速、准确地完成交互操作。

2.视觉引导

在规划交互流程时，可以巧妙运用光线、色彩、声音、动画等视听觉元素，吸引用户的注意力，增强设计的吸引力和情感共鸣。

（1）光线引导

如通过明亮的光线聚焦来突出画面中的任务地点、具体物体、重要人物或交互按钮等关键要素，以柔和而高效的方式强调关键信息，进而引导用户的注意力，为其在界面中的导航提供便利。

（2）色彩引导

可用对比色、冷暖色和饱和度变化来突出场景重点。比如，使用对比鲜明的色彩区分重要元素和背景，吸引用户视线，或者利用暖色调引发亲近感，用冷色调创造距离感等，以丰富用户的情感体验。此外，还可通过色彩的饱和度变化突出特定区域，引导用户关注。

（3）声音引导

环境音效能够营造出身临其境的场景氛围，使用户更加专注于当前的情境。同时，在交互动作发生时，通过添加音效可以凸显用户操作的有效性，进一步增强互动性和沉浸感。

3.动效设计

在用户体验中，交互元素所附加的动态效果起到了至关重要的作用。为了确保用户能够直观地理解和操作，首先，需明确交互元素的不同状态，例如正常状态、悬停状态以及点击状态，并为每一种状态设计相应的动态效果。其次，通过使用平滑且流畅的过渡动画，能够使交互元素在不同状态之间的切换变得自然且顺畅，从而进一步提升用户的操作体验。为了更有效地引导用户的注意力，还可以在交互元素上添加适度的动态提示，例如轻微的放大效果或闪烁效果，以增强用户的感知体验。最后，还需要对动画的播放速度进行合理的调整，确保其不会因时间过长而干扰用户的操作流程。

三、效果反馈

在完成项目策划与创作实施的整体流程后，交互式影像项目也需通过展览、投放、销售等多种具体形式进行全面而具体的用户测试。在测试过程中，创作团队将从信息层级、内容接受、交互体验等三个方面收集用户反馈，并根据实际创作形态的差异，采取发放问卷、组织线上调查与访谈、召集社群线下活动等相应的方式，收集和分析用户意见，基于反馈结果，对未来的创作与设计方向进行有针对性的优化和改进。

（一）信息层级

1.清晰度和组织性
为测量用户对影像中包含的信息的掌握程度，需要对其是否能准确理解影像中的核心要点进行评估。此外，还可以审视信息的组织结构，确保其能以清晰、直观的方式呈现给用户。

2.信息传达效果
观察用户是否对影像传达的信息存在混淆或误解。具体可通过阅读相关评论、搜集评分、问卷调查等方式获得。

（二）内容接受

针对情感共鸣、故事连贯性、价值观等方面进行深入调研。具体而言，需观察用户对影像内容所叙述的故事情节是否持认可态度，叙事中是否存在明显的逻辑错误或其他不合理之处。同时，需评估用户是否被故事情节所吸引和触动、与影像内容建立情感联系。此外，还需分析用户是否能够理解角色的动机和行为，从而对影像整体内容所传达的价值观念产生认同。通过综合考量这些因素，创作者可以更全面地了解用户对影像内容的接受程度和满意度，为后续的改进和优化提供支持。

（三）交互体验

1.界面易用性

评估用户在接触互动界面时的认知和操作难度，验证其是否能够准确无误地进行交互操作。

2.交互流程

对用户在交互式影像体验过程中的互动过程进行监测，以判断其是否能够顺利达成既定目标或进行选择。一般可通过实时监测和后台数据分析得到相应资料。

3.用户参与度

结合现场观察与用户反馈，对用户在交互式影像中的参与程度及兴趣点进行量化评估。可通过分析交互过程中的数据记录进行判断，也可在合适的测试环境下按需加入如眼动、脑电（EEG）、皮肤电反应（EDA）等生理和行为测量手段深入了解用户在特定情境中的认知和情感状态。

4.分析与总结

测试完成后，对发现的问题进行深入分析，并提出有针对性的优化建议，通过持续改进，为用户带来更加优质的交互式影像体验。

后 记

从选题、策划到最终成稿，本书的写作过程历经数年。在书稿的整理与撰写之余，笔者及研究团队也在不间断地投身于数字媒体艺术专业的课程教学，以及与数字影像创作实践相关的一系列工作。正是基于这些教学与实践经历，笔者能够更加深刻地体会到数字影像的本质性特点：艺术与科学的交叉与融合。

自2010年以来的短短十余年间，数字影像领域的各个重要分支无不经历着快速而彻底的变革，这不仅改变了影像创作的技术手段和生产流程，还深刻影响着大众对影像艺术的感知和理解。例如，2012年字节跳动公司注册成立，随即推出抖音、西瓜、火山等短视频平台，目前已成为全球收入与用户增长最快的互联网公司。2014年，人工智能领域的生成式对抗网络（GAN）算法提出，并迅速应用于数字图像生成、编辑和风格迁移等领域。2015年开始，中国三维动画技术取得进一步突破，推动了国产动画电影的全面复兴，各类佳作不断推陈出新。在2016年发布的《中华人民共和国国民经济和社会发展第十三个五年规划纲要》中，"虚拟现实"被首次提及，政策的支持使该领域逐渐迎来了全面的发展。同年，我国直播电商领域获得爆发式增长，中国网络直播元年来临。2019年，中国颁发了首个5G（第五代移动通信技术）无线电通信设备进网许可证，标志着中国进入5G商用元年，为移动互联网语境下数字影像的进一步传播奠定了坚实基础。

自2021年至今，多款人工智能图像生成工具相继出现。2022年，人工智能公司Open AI发布了全新的聊天机器人模型Chat GPT，使AIGC（人工智能生成内容）领域进入集中爆发期，如DALL·E 2、Stable Diffusion、Midjourney、Sora等人工智能图像及视频生成工具开始广泛应用于数字音视频生产行业领域，对影视、游戏、传媒、教育、工业等几乎所有现代化应用场景产生了颠覆式影响，重构了数字影像相关领域创意与生产的底层逻辑。

在当前这个充满变革的时代，数字影像行业经历了前所未有的飞速发展，虽然影像生产的技术难度似乎降低了，但却意味着真正意义上"专业人士"的准入门槛正被逐渐提高，也对从业人员的专业素养提出了更高的实际要求。为了应对这一挑战，未来的数字影像从业者不仅需要保持对新技术的高度敏感和关注，还需深入理解影像艺术创作的底层逻辑，只有如此，才能在滚滚而来的技术革新浪潮中保持清醒的头脑和独立的思考，为行业的未来发展做出持续贡献。

因此，作为数字媒体艺术专业"国家级一流本科专业建设点"的配套教学用书，本书也尝试着从专业教学的角度，对与实践密切相关的内容进行进一步的解构和整理，力求结合当前行业发展的最新趋势，为读者呈现一个与时俱进的学习视角。

数字媒体艺术专业涵盖了广泛的创作领域，如动画、游戏设计、交互设计、虚拟现实等。每一种具体的艺术形态都离不开影像的表达和呈现，对于数字媒体艺术相关专业的同学而言，数字影像是专业学习的重要方面。因此，对数字影像的掌控能力和相应创意思维的优劣程度，几乎决定了每个具体作品的"上限"。为了能够创造出更加丰富和多样化的作品。不仅要了解数字影像的类型、历史、理论，更要掌握其创作的方式方法，在此基础上活用自己的专业知识和技能，创作出精美的作品，探索新的艺术形式和表达方式。

在本书的撰写过程中，笔者得到了来自北京交通大学建筑与艺术学院各位领导与同侪的支持与帮助。在书稿的编写过程中，他们不断提出宝贵的意见和建议，使本书得以不断修正和完善。

本书的顺利完成，要感谢笔者研究团队的各位成员。他们是北京交通大学建筑与艺术学院设计系的硕士研究生：罗栋仁、杨舒涵、裴梓仪、谢振昊和李晋羽。其中，罗栋仁承担了案例与资料内容的全面复核工作，杨舒涵与裴梓仪则分别负责了部分图表的整理与写作周期的规划安排工作。他们充分发挥了自己的创作实践优势，为剧情类影像、动画、交互式影像、非虚构类影像以及广告等部分的内容梳理与案例调研做出了突出贡献。本书的顺利出版离不开这些同学的帮助。

此外，北京交通大学第8工作室（品牌设计研究中心）及数字媒体艺术组"OOH Media 无限体"的全体成员亦通过多种方式在本书的写作过程中提供了帮助。工作室相关的项目实践经历，成为本书的选题方向及内容策划的灵感来源。

在数字影像领域快速发展和变革的背景下，本书所涵盖的内容和观点必定存在着局限和不足。笔者诚挚地希望广大读者能够在使用过程中提出宝贵的意见和建议，以便本书在今后的修订中不断完善和更新。

最后，笔者希望本书能够成为一部具有现实意义与参考价值的专著，为从事数字影像相关领域研究和创作的人员提供有益的启示。期待影像艺术在未来的发展中能够不断创新和突破，为我国文化产业的繁荣和发展贡献更多力量。

参考文献

［1］科林伍德.艺术原理［M］.王至元，陈华中，译.北京：中国社会科学出版社，1985.

［2］刘书亮，张昱.电影艺术与技术［M］.北京：北京广播学院出版社，2000.

［3］本雅明.机械复制时代的艺术作品［M］.王才勇，译.北京：中国城市出版社，2001.

［4］莱文森.数字麦克卢汉［M］.何道宽，译.北京：社会科学文献出版社，2001.

［5］张歌东.数字时代的电影艺术［M］.北京：中国广播电视出版社，2003.

［6］爱因汉姆.电影作为艺术［M］.邵牧君，译.北京：中国电影出版社，2003.

［7］麦特白.好莱坞电影：1891年以来的美国电影工业发展史［M］.吴菁，何建平，刘辉，译.北京：华夏出版社，2005.

［8］海德格尔.演讲与论文集［M］.孙周兴，译.北京：生活·读书·新知三联书店，2005.

［9］许南明，富澜，崔君衍.电影艺术词典［M］.修订版.北京：中国电影出版社，2005.

[10] 李道新.中国电影文化史：1905—2004[M].北京：北京大学出版社，2005.

[11] 克拉考尔.电影的本性[M].邵牧君，译.南京：江苏教育出版社，2006.

[12] 彭吉象，张瑞麟.艺术概论[M].上海：上海音乐出版社，2007.

[13] 波德维尔.电影艺术：形式与风格[M].曾伟祯，译.插图第8版.北京：世界图书出版公司，2008.

[14] 屠明非.电影技术艺术互动史：影像真实感探索历程[M].北京：中国电影出版社，2009.

[15] 卡茨.电影镜头设计[M].井迎兆，译.插图第2版.北京：世界图书出版公司北京公司，2009.

[16] 麦克卢汉.理解媒介：论人的延伸[M].何道宽，译.增订评注本.南京：译林出版社，2011.

[17] 斯奈德.救猫咪：电影编剧宝典[M].王旭锋，译.杭州：浙江大学出版社，2011.

[18] 卡茨.场面调度：影像的运动[M].陈阳，译.北京：北京联合出版公司，2015.

[19] 默奇.眨眼之间：电影剪辑的奥秘[M].夏彤，译.2版.北京：北京联合出版公司，2012.

[20] 罗伯森，迈克丹尼尔.当代艺术的主题：1980年以后的视觉艺术[M].匡骁，译.南京：江苏美术出版社，2012.

[21] 李铭.视觉原理：影视影像创作与欣赏规律的探究[M].北京：世界图书出版公司北京公司，2012.

[22] 菲尔德.电影剧本写作基础[M].钟大丰，鲍玉珩，译.修订版.北京：世界图书出版公司，2012.

[23] 马特斯.力：动物原画概念设计[M].姜浩，译.北京：人民邮电

出版社，2012.

［24］翁达杰.剪辑之道：对话沃尔特·默奇［M］.夏彤，译.北京：北京联合出版公司，2015.

［25］吕云，王海泉，孙伟.虚拟现实：理论、技术、开发与应用［M］.北京：清华大学出版社，2019.

［26］谭力勤.奇点艺术：未来艺术在科技奇点冲击下的蜕变［M］.北京：机械工业出版社，2018.

［27］英国Future出版公司.电子游戏机完全指南［M］.李龙，译.北京：民主与建设出版社，2021.

［28］麦基.故事：材质·结构·风格和银幕剧作的原理［M］.周铁东，译.天津：天津人民出版社，2014.

［29］童兵，陈绚.新闻传播学大辞典［M］.北京：中国大百科全书出版社，2014.

［30］汉赛娜.完全制片手册［M］.蒲剑，译.4版.北京：人民邮电出版社，2014.

［31］伯格.观看之道［M］.戴行钺，译.3版.桂林：广西师范大学出版社，2015.

［32］佟婷.动画美学概论［M］.北京：中国电影出版社，2015.

［33］莱文森.人类历程回放：媒介进化论［M］.邬建中，译.重庆：西南师范大学出版社，2017.

［34］马诺维奇.新媒体的语言［M］.车琳，译.贵阳：贵州人民出版社，2020.

［35］OLDFISH.概念设计的秘密：游戏美术基础与设计方法［M］.北京：人民邮电出版社，2022.

［36］靳中维.影视概念设计攻略［M］.北京：电子工业出版社，2023.

［37］刘晴.纪录片再造性视觉语言系统［M］.北京：中国国际广播出

版社，2023.

[38] 李道新.数字人文与中国电影知识体系 [M].北京：中国国际广播出版社，2023.

图书在版编目（CIP）数据

数字影像与类型制作研究 /刘晴著.—北京：中国国际广播出版社，2024.4

ISBN 978-7-5078-5548-7

Ⅰ.①数… Ⅱ.①刘… Ⅲ.①数码影像－研究 Ⅳ.①TN946

中国国家版本馆CIP数据核字（2024）第083233号

数字影像与类型制作研究

著　　者	刘　晴	
责任编辑	王立华	
校　　对	张　娜	
版式设计	邢秀娟	
封面设计	董月夕	

出版发行	中国国际广播出版社有限公司 ［010–89508207（传真）］
社　　址	北京市丰台区榴乡路88号石榴中心2号楼1701
	邮编：100079
印　　刷	北京汇瑞嘉合文化发展有限公司

开　　本	710×1000　1/16
字　　数	240千字
印　　张	17
版　　次	2024 年 6 月 北京第一版
印　　次	2024 年 6 月 第一次印刷
定　　价	58.00 元